# 种业振兴在广东：
# 优质种子生产

崔华威　甘泳红　刘光华　著

SPM
南方传媒

广东科技出版社
全国优秀出版社

·广州·

图书在版编目（CIP）数据

种业振兴在广东：优质种子生产 / 崔华威，甘泳红，刘光华著. —广州：广东科技出版社，2022.8
ISBN 978-7-5359-7879-0

Ⅰ.①种… Ⅱ.①崔… ②甘… ③刘… Ⅲ.①作物育种—广东—普及读物 Ⅳ.①S33-49

中国版本图书馆CIP数据核字（2022）第100736号

种业振兴在广东：优质种子生产
Zhongye Zhenxing Zai Guangdong：Youzhi Zhongzi Shengchan

出 版 人：严奉强
责任编辑：张远文 李 杨 彭秀清
装帧设计：友间文化
责任校对：李云柯 廖婷婷
责任印制：彭海波
出版发行：广东科技出版社
（广州市环市东路水荫路11号 邮政编码：510075）
销售热线：020-37607413
http://www.gdstp.com.cn
E-mail：gdkjbw@nfcb.com.cn
经 销：广东新华发行集团股份有限公司
印 刷：广州一龙印刷有限公司
（广州市增城区荔新九路43号1幢自编101房 邮政编码：511340）
规 格：889 mm×1 194 mm 1/32 印张4.75 字数115千
版 次：2022年8月第1版
2022年8月第1次印刷
定 价：29.80元

如发现因印装质量问题影响阅读，请与广东科技出版社印制室联系调换（电话：020-37607272）。

# 前　言

种子被誉为农业的"芯片"，国务院将农作物种业定位为国家战略性、基础性核心产业。2020年12月，中央经济工作会议明确指出，要立志打一场种业翻身仗。2021年7月，中央全面深化改革委员会审议通过《种业振兴行动方案》。2022年，中央一号文件《中共中央 国务院关于做好2022年全面推进乡村振兴重点工作的意见》提出要"全面实施种业振兴行动方案"。

种业振兴离不开人才支撑和人才培养。然而，当前的种业教学、培训教材主要面向专业人员，对于从事种子生产的农户和基层技术人员来讲，这些教材过于专业，通俗性和趣味性有待加强。

为助力民族种业振兴，聚焦种业基层人才培养，本团队发挥专业所长，围绕种子基础知识、种子质量、种子生产、种子加工与贮藏、包衣种子、种子纠纷与解决等实用知识，为种业基层从业者编写本技术手册，作为专业教材的预读本或辅助读物。

在分工上，崔华威（博士，仲恺农业工程学院种科系主任）编写"种子生产""种子加工与贮藏""种子纠纷与解决"部分，甘泳红（硕士，仲恺农业工程学院实验员）编写"种子基础知识"和"种子质量"部分，刘光华（博士，仲恺农业工程学院副教授）编写"包衣种子"部分。在编写过程中，邝阳、熊艺林、唐敏、伍嘉欣、陈航、郑晓纯、雷梦瑶帮

1

助整理资料,麦子程、吴嘉宁、黄晓沛、郑晓纯、董罗绮为本书绘制漫画和插图。全书由崔华威统稿。

本书读者对象为种子生产者、基层农技人员,以及其他基层种业从业人员。本书的编写采用问答形式,图文结合,配有原创漫画和图片;语言上追求深入浅出、趣味生动,以提高内容的可读性、通俗性与趣味性。

本书得以出版,要感谢韶关市华实现代农业创新研究院的资助。韶关市华实现代农业创新研究院成立于2017年,是由仲恺农业工程学院联合韶关市科学技术开发中心等多家高校、科研院所与企业单位发起的非营利性研发机构,是政府联系高校、科研院所、企业与农业科技工作者的桥梁和纽带,是推动农业产业创新、服务广大农民和企业、促进产学研合作的重要平台。

感谢广东科技出版社对本书的支持。由于张远文先生、李杨女士和彭秀清女士高效而细致的工作,本书得以付梓,在此表示衷心感谢。本书是关于种子生产的科普读物,在科学性与通俗性之间找平衡是个难题,加之编者水平有限,不足难免,请读者批评指正。

崔华威

2022年7月

# 目 录

## 种子基础知识

# 种子质量

三

## 种子生产

四

# 种子加工与贮藏

五
## 包衣种子

六

# 种子纠纷与解决

# 一

## 种子基础知识

# 01 乡村振兴战略下种业有多重要

　　国以农为本，农以种为先。种子被誉为农业的"芯片"，是保障国家粮食安全和促进农业长期稳定发展的基石，是实现乡村振兴战略的重要资源。

　　习近平总书记在2021年中央全面深化改革委员会第二十次会议上强调："农业现代化，种子是基础，必须把民族种业搞上去，把种源安全提升到关系国家安全的战略高度，集中力量破难题、补短板、强优势、控风险，实现种业科技自立自强、种源自主可控。"

　　2021年，中央一号文件《中共中央 国务院关于全面推进乡村振兴加快农业农村现代化的意见》提出"打好种业翻身

珍贵的稻种资源

仕"，再次明确了种业的基础性、战略性地位，同时也将其作为全面实现乡村振兴的重要内容。2022年，中央一号文件再次强调要"全面实施种业振兴行动方案"。

目前，广东省已将"现代种业和精准农业"列入科技创新9大领域研发计划，连续多年将其列为省政府重点工作，并在全国率先实施现代种业提升工程。2020年4月22日，广东省科学技术厅、中共广东省委农村工作办公室等7部门联合制定了《广东省乡村振兴科技计划》，要求实施"现代种业和精准农业"重点领域研发计划，抢占现代种业制高点。

因此，选育优质种子，推广优质种子，发展民族种业，建设种业强国，提高我国农业竞争力和自主化程度，既能稳住国家的"粮袋子"，又能鼓起农民的"钱袋子"。可以说，"小种子"在乡村振兴战略中有"大作为"。

国内选育稻种资源

按照一定的育种目标，经人工选育成的品种或品系，具有1~2项或多项优良性状，可在生产上直接应用或作育种亲本利用。

# 02 什么是种子？

种子的概念有大小之分。从"小"概念，即狭义的概念上讲，种子是指由花朵子房内胚珠发育而来的特定组织，又称植物学种子，比如番茄、芝麻、茄子、辣椒等种子。

从"大"概念，即广义上讲，农业生产中，一切用来做繁殖材料的植物器官、组织等都可称作"种子"。

广义的种子（农业种子）可分为4类，详见下表。

世界上最大的植物种子——海椰子（重量可达30千克）

## 广义的种子（农业种子）分类

| 类别 | 含义 | 例子 |
|---|---|---|
| 真种子（植物学种子） | 包裹在果实内，由胚珠发育而来的特定组织 | 番茄、芝麻、茄子、辣椒等种子 |
| 类似种子的干果 | 成熟后呈干燥状态的果实，可以直接用果实作为播种材料 | 水稻、小麦、玉米、向日葵等果实 |
| 用以繁殖的营养器官 | 可以播种的块根、块茎、地上茎、地下茎等 | 甘薯（块根）、山药和马铃薯（块茎）、甘蔗（地上茎）、藕（地下茎）等种子 |
| 植物人工种子 | 人工制造的代替天然种子的颗粒体，由具有活力的胚胎、营养物（人工胚乳）和具有保护功能的外部结构（种皮）构成 | 详见"04 什么是人工种子？" |

# 03 种子由哪些部分构成?

各种植物种子形状各异,但绝大多数由种皮、胚和胚乳3个主要部分组成。下图为莲的种子结构。

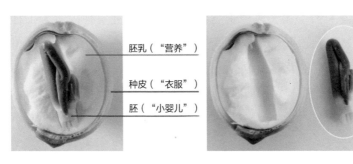

胚乳("营养")

种皮("衣服")

胚("小婴儿")

典型的种子结构(以莲的种子为例)

种子的胚好似一个"小婴儿",种皮相当于婴儿的"衣服",胚乳相当于提供给婴儿的"营养"。植物"小婴儿"想要健康长大,离不开"衣服"的保护和"营养"的支持。种子萌发时,种子的胚会从种皮中突破出来,一边从胚乳中获得营养,一边向下发根,向上伸出最初的绿叶。

可见,胚是种子中最重要的部位。一粒种子,如果只是种皮、胚乳受到破坏,通常仍具备发芽能力,但是如果胚受到明显伤害,种子就会丧失发芽能力。

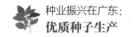
# 04 什么是人工种子？

　　人工种子又称合成种子，是一种人工制造的代替天然种子的颗粒体，一般外观为半透明的圆球，可以像普通种子那样直接被播到农田。

　　人工种子和天然种子类似，由胚、胚乳、种皮（人工种皮）3部分构成，其结构见下图。胚乳富含营养物质，是种苗早期生长时的营养来源；胚将来长成新植株；人工种皮具有一定的支撑作用和保护功能。

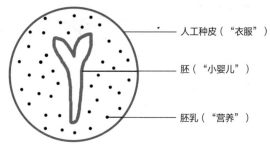

　　　　　　　人工种皮（"衣服"）

　　　　　　　胚（"小婴儿"）

　　　　　　　胚乳（"营养"）

人工种子结构示意图

　　相比普通种子，人工种子有不少优点。比如，生产不受季节限制，可以快速、大量地制造种子。此外，还可以在包裹物里加入普通种子没有的成分，使人工种子具有更好的营养供应和抵抗逆境（如干旱、低温、病虫害等）的能力。

　　目前，人工种子生产较为成功的植物有胡萝卜、莴苣、芹菜、苜蓿、番茄、花椰菜等。不过，由于生产成本偏高、生产技术有待完善等限制，人工种子尚未获得大范围推广和使用。

# 05 什么是硬实?

农业生产中种子不发芽的原因很多,其中之一便是硬实。

硬实是指种皮密不透水,表面较为坚硬,水分无法从种子表面突破进入内部,导致种子无法萌发的现象。硬实不是一个普遍现象,它只发生在特定种类的作物种子上,如大豆、蚕豆、绿豆等豆科作物的种子,棉花、朱槿等锦葵科作物的种子,甜菜、菠菜等藜科作物的种子,等等。

那应该如何处理硬实种子以使其发芽呢?

通常,用手或简单材料(纱布等)摩擦种皮,降低其表面致密性,即可达到破除硬实、提高发芽率的效果。

绿豆种子

棉花种子

菠菜种子

特定种类的作物种子

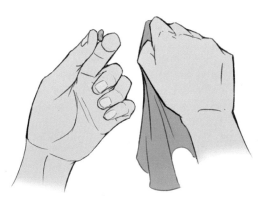

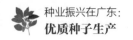

# 06 什么是顽拗型种子？

在实际农业生产中，一些种子会在含水量低的时候迅速丧失活力，这种类型的种子被称为"顽拗型种子"。顽拗型种子很难彻底干燥，也很难在低温条件下长期贮藏，因而贮藏期较短，难以保存，常见于热带或亚热带地区的植物种子（如荔枝、板栗、龙眼等）。

顽拗型种子除了贮藏的方法和其他种子有所区别外，在种子的大小、单果中的种子数量、形成环境等多方面也有自己的特点，如脱水易损伤，易遭冻害和冷害，多为大粒种子，不耐贮藏，寿命短，多数属于热带地区或水生植物的种子，多数是多年生植物的种子，等等。

顽拗型种子如何才能长期保存呢？通常有以下3点措施：

（1）控制水分

贮藏过程中可将潮湿的木屑、木炭粉和苔藓等介质与种子混合，然后放入聚乙烯袋中，达到控制水分的目的。由于种子水分多，需氧量大，因此绝对不能密封聚乙烯袋（需把袋口敞开或在袋上打孔）。为了防止微生物、菌类的旺盛生长，贮藏前要用杀菌剂处理。

（2）防止发芽

顽拗型种子在贮藏过程中最容易发生的现象就是发芽，为了抑制其发芽，在贮藏过程中可采取以下几种措施：

①控制种子的水分，使其刚好低于种子发芽所需的水分；

②使用发芽抑制剂（如脱落酸）抑制种子发芽；

③采用提早收获、远红光照射等方法加深种子的休眠，防止种子发芽。

（3）适宜低温

低温贮藏对保持种子活力有利。不同顽拗型种子的贮藏温度有所不同，如杧果、黄皮等热带、亚热带地区的植物的顽拗型种子，贮藏温度一般为15～20 ℃，而银杏这种温带地区的植物的顽拗型种子，贮藏温度一般为5 ℃左右。

椰子（顽拗型种子）

# 07 种子衰老的含义是什么？

种子的一生和人一样，都会经历发育、生长、衰老、死亡。种子的衰老和人类的衰老类似，是各个部分功能衰退和老化的过程。这个过程是渐进且不可逆的，是从量变到质变的复杂过程。

种子发育成熟后，一定时间内若没有合适的萌发条件，就会逐渐进入活力下降直至生活力完全丧失的不可逆转历程，这一历程中种子所表现出来的形态、生理等多方面的综合效应便是衰老，即种子活力的自然衰退。通常，种子在高温和高湿的条件下衰老得更快。因此，保存种子的环境要求低温、干燥、通风。

种子应贮藏在低温、干燥、通风的地方

# 08 常规种子和杂交种子有什么区别？

　　我们可以将常规种子理解为同品种植株的雄株与雌株互相授粉，产出同品种的后代种子；将杂交种子理解为两个差异很大的品种植株的雄株和雌株，相互杂交授粉（父本的花粉落在母本雌蕊的柱头上）所产出的杂交后代。

　　相比常规品种，杂交种常表现出"杂种优势"（比如马和驴杂交，产生骡，骡的表现在很多方面超过双亲，这就是"杂种优势"的体现）。因此，杂交种子通常具有更加旺盛的生命力和更高的结实率、抗逆性和产量，生长发育整齐一致，没有分枝，适应性广。不过，杂交种子只能使用一代，第二代不能再做种子。

　　而常规品种的特点一般表现为植株长得相对较高，成熟度不一，产量没有杂交种高，可多代利用，自己留种再次种植后产量和质量下降没有杂交种那么明显，等等。

# 09 什么是种子休眠?

植物种子成熟后,如果遇到适宜的环境条件,很多能够直接萌发。但也有些植物的种子,即使环境条件适合,也不会立即萌发,需要隔一段时间才能发芽,这种现象叫作种子休眠。

种子休眠是植物的生存策略,能促使种子在最理想的环境条件下萌发。比如,许多在夏季或秋季产生的种子,如果它们在冬季来临之前就已经发芽,那么很可能会被冻死,种子休眠机制能保证这些种子在温暖的春季萌发,在舒服的环境下生长。

但不适当的种子休眠可能会影响农业生产。如果种子的休眠期太短,容易造成其在收获前就已经在母株上发芽,影响种子产量和质量,例如有些花生在收获前,还没有收刨就已经在土里发芽了;如果休眠期太长,又不利于适时播种,或播种后田间出苗参差不齐,出苗率低,例如玉米播种后容易不出苗或出苗不齐。

# 10 在适宜的条件下不发芽的种子是否为死种子?

　　购买的种子在温暖、湿润的条件下不发芽，是否就一定是死种子呢? 答案是不一定。

　　如果购买的种子在适宜的条件下不发芽，除了种子死亡，还有一种可能是种子在"沉睡"，即休眠。这时需要采取一些简易的破除休眠的方法把它唤醒，再进行一次发芽检测，然后才能判断其发芽率，并以此鉴定其是否为死种子。

适宜条件下种子不发芽，除了种子死亡，还有可能是种子在"沉睡"（休眠）。

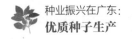

# 11 如何打破种子的休眠？

遇到种子休眠期太长的情况，需要通过一些人为干扰去打破种子的休眠。

（1）化学物质处理

打破种子休眠常用的化学物质有赤霉素、细胞分裂素和乙烯等生长调节物质；对于种皮透气性较差的种子，通常可采用浓硫酸、过氧化氢溶液等对其进行处理。浓硫酸有强腐蚀性，使用时须注意个人安全，同时严格控制处理时间，如打破树莓种子休眠可以使用75%～85%的浓硫酸处理10～15分钟。过氧化氢溶液一般使用低浓度溶液，如打破棉花种子休眠可以使用0.1%～2.0%的过氧化氢溶液浸种24小时，打破水稻种子休眠可以使用1%～3%的过氧化氢溶液浸种24小时。

（2）机械处理

机械处理是指用切割、针刺、去壳、反复漂洗等方式，改变种皮结构，消除种皮对种子萌发的阻碍。例如将紫云英的种子与砂和石子混合进行摩擦处理，这样能有效促进种子萌发。

西瓜、甜瓜、番茄、辣椒、茄子等种子的外壳含有萌发抑制物，播种前将种子浸泡在水中，反复漂洗，让抑制物渗透出来，能够显著提高发芽率。

番茄种子（浸泡1小时）

（3）温度处理

温度处理包括预先冷冻和高温处理。

预先冷冻是给种子一个低温环境，比如可以将种子放在湿砂中，再置于冰箱保鲜层数日或更长时间，然后取出播种。这种方法适用于洋葱、芹菜、韭菜等种子。

高温处理在农业生产中常用于因种皮透气性差而导致休眠的种子，例如打破果树种子的休眠，可在春季播种前7～10天，将种子搅拌倒入60 ℃左右的温水中浸种24小时，然后把种子捞出，罩上塑料薄膜，置于温暖向阳处进行催芽。

### 部分作物种子休眠的破除方法

| 作物 | 休眠破除方法 |
| --- | --- |
| 水稻 | 播前晒种2～3天；机械去壳；3%过氧化氢溶液浸种24小时；赤霉素处理 |
| 玉米 | 播前晒种；35 ℃催芽 |
| 花生 | 40～50 ℃温水浸种3～7天；乙烯处理 |
| 菠菜 | 0.1%硝酸钾溶液浸种24小时；剥去果皮，砂床催芽 |
| 莴苣 | 赤霉素处理 |

# 12 什么是转基因种子？

　　转基因就是把原本不属于该个体的基因转入该个体中。转基因种子是利用转基因技术生产的具有某些优良特性（比如抗病、高产）的种子品种。

　　转基因作物在农业中已经相当常见，相较于非转基因作物，转基因作物通常产量更高，品质更稳定，同时更能抵御害虫，可减少杀虫剂和化肥的使用。例如，转基因棉花通常更抗病、抗虫。再如市面上常见的也是国内唯一一种获国家批准上市的转基因水果——转基因番木瓜（通常说的木瓜是俗称，《中国植物志》上的名称是番木瓜，以下统称番木瓜），具有抗番木瓜环斑病毒能力。科研人员将环斑病毒株的复制酶基因转入番木瓜体内，培育出高度抗环斑病毒的转基因番木瓜品种。转基因番木瓜在2006年获得农业农村部颁发的安全性证书，此后得以大规模种植，产生了巨大的经济效益，深受瓜农喜爱。如今，我们在市面上见到的绝大多数番木瓜都是转基因番木瓜。

# 13 种植户可以种植转基因种子吗?

目前国家没有完全放开转基因技术的应用,只允许种植我国已批准且经过安全性审定和登记的合法转基因种子。当前,我国批准商业化种植的转基因作物只有棉花和番木瓜。因此,对于绝大多数作物,如水稻、玉米、花生、油菜等,种植户不可以购买、种植它们的转基因种子。

番木瓜

棉花

国家批准商业化种植的转基因作物

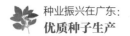
# 14 种子和种质资源是什么关系？

　　种子是指用于农业生产的一切播种材料，包括"真种子"（植物学种子，如番茄种子），类似种子的干果（如水稻种子），可以播种的块根（如甘薯）、块茎（如马铃薯、山药和姜）、地上茎（如甘蔗）、球茎（如芋、华夏慈姑、荸荠）、鳞茎（如葱、蒜、洋葱）和地下茎（如藕、苎麻），以及人工制造的代替天然种子的颗粒体（人工种子）。

　　种质资源是选育新品种的基础材料，其种类更多，如植物的根、茎、叶、花、果实、种子、芽等繁殖材料，以及人工创造的各种遗传材料。

位于广州的国家种质资源圃

种质资源所涵盖的范围比种子大，它包括植物的种子、果实、根、茎、叶、花、芽，以及人工创造的DNA等遗传材料。

可见，种子主要用于播种，服务于农业生产。而种质资源是一种应用更加广泛的材料，主要服务于育种和科学研究。不过，大多数种质资源以种子的形式来保存，种子是种质资源的一种。

# 15 《中华人民共和国种子法》是哪年修订的？

《中华人民共和国种子法》（以下简称《种子法》）是为了保护和合理利用种质资源，规范品种选育、种子生产经营和管理行为，保护植物新品种权，维护种子生产经营者、使用者的合法权益，提高种子质量，推动种子产业化，发展现代种业，保障国家粮食安全，促进农业和林业的发展而制定的法律。

第一版《种子法》由中华人民共和国第九届全国人民代表大会常务委员会第十六次会议于2000年7月8日通过，自2000年12月1日起施行。

最新修订版《种子法》由中华人民共和国第十三届全国人民代表大会常务委员会第三十二次会议于2021年12月24日通过，自2022年3月1日起施行。

# 16 可以向境外寄送种质资源吗？

不可以向境外寄送种质资源。这违反了《种子法》。

《种子法》第十一条规定：国家对种质资源享有主权。任何单位和个人向境外提供种质资源，或者与境外机构、个人开展合作研究利用种质资源的，应当报国务院农业农村、林业草原主管部门批准，并同时提交国家共享惠益的方案。国务院农业农村、林业草原主管部门可以委托省、自治区、直辖市人民政府农业农村、林业草原主管部门接收申请材料。国务院农业农村、林业草原主管部门应当将批准情况通报国务院生态环境主管部门。

从境外引进种质资源的，依照国务院农业农村、林业草原主管部门的有关规定办理。

# 17 采集农作物种质资源犯法吗?

未经批准，私自采集国家重点保护的天然种质资源是一种犯法行为。

> 《种子法》第八条规定：国家依法保护种质资源，任何单位和个人不得侵占和破坏种质资源。
>
> 禁止采集或者采伐国家重点保护的天然种质资源。因科研等特殊情况需要采集或者采伐的，应当经国务院或者省、自治区、直辖市人民政府的农业农村、林业草原主管部门批准。

野生稻种质资源

珍贵的水稻种质资源

二

种子质量

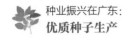
# 18 什么是主要农作物？

　　主要农作物，不是泛指主要的农作物，而是有所特指：

　　《种子法》确定稻、小麦、玉米、棉花、大豆5种农作物为主要农作物；

　　农业农村部确定马铃薯、油菜2种农作物为主要农作物；

　　每个省、自治区、直辖市还可在上述7种农作物的基础上再指定1~2种农作物（也可不再指定）为主要农作物。

　　例如，广东省指定花生为主要农作物，则广东省共有8种主要农作物（《种子法》确定5种+农业农村部确定2种+花生）。

　　《种子法》规定，主要农作物实行品种审定制度（强制性，非主要农作物则无须审定）。主要农作物品种在推广前，应当通过国家级或省级审定（县、市级审定的不行）。

# 19 什么是假种子?

《种子法》规定下列种子为假种子:

①以非种子冒充种子的(比如用细砂粒冒充蔬菜种子),或者以此种品种种子冒充其他品种种子的(比如用花生品种"粤油45"冒充"汕油188");

②种子种类、品种与标签标注的内容不符或者没有标签的。

种子种类、品种要与标签一致

# 20 什么是劣种子？

《种子法》规定下列种子为劣种子：

①质量低于国家规定标准的；

②质量低于标签标注指标的；

③带有国家规定的检疫性有害生物的。

种子质量低于国家规定标准或低于标签标注指标的，为劣种子

# 21 什么是种子质量?

种子质量包括品种质量和播种质量两方面。通常用"纯度""净度（指测定样品中纯净种子重量占测定后样品各成分重量总和的百分数）""发芽率""生活力""活力"等指标来反映品种质量和播种质量。可以简单概括为8个字：真、纯、净、壮、饱、健、干、强，如下图所示。

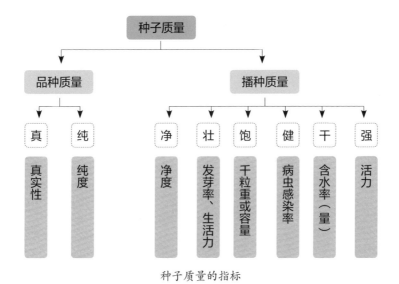

种子质量的指标

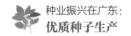

# 22 什么是种子检疫？

种子检疫是指检验种子（包含苗木、块根、块茎等）是否携带危害生产的危险性病原菌、害虫、线虫、杂草种子等，防止病害传播到其他国家和地区，以保障农林业的生产安全、促进贸易发展的措施，是植物检疫的重要组成部分。

例如，2020年3月，天津海关所属新港海关从美国入境的一批78.93吨燕麦种子中检出检疫性有害生物豚草，在燕麦种子中检出这种有害生物在全国口岸尚属首次。

如果没有种子检疫，让豚草大量入侵发展，带来的直接后果就是当地生物群落结构改变、生态失衡，同时会对农牧业、生态旅游业造成严重威胁。可见，种子检疫就是在流通环节设卡，以阻断危害作物的生物体的大范围传播，防止作物病害扩散。

# 23 为什么要进行种子质量检测?

　　现代社会，任何产品出厂、流通前，都要经过质量检测，种子也不例外。如果让劣质种子流通，被播到田间，就算有一流的栽培措施和田间条件，也不会获得丰产。只有播种经过质量检测的优质种子，才能为高产、稳产、优质打下坚实的基础。

　　种子质量检测无论是对种子收获、贮藏、加工、营销还是对播种都极为重要。

　　在贮藏过程中，定期进行种子质量检测可以随时掌握种子的变化，从而创造最好的贮藏条件，提高种子的使用年限。在种子营销、调运前进行质量检测，能够准确地判定出种子等级，为合理运输提供依据。在播种前进行质量检测，可以防止伪劣种子的使用，避免生产上的重大损失。

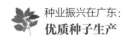
# 24 什么是种子净度？

种子净度是指种子清洁干净的程度，净度高，表明种子中杂质（无生命杂质、其他作物和杂草种子）含量少。

净度高的种子，一般都经过多道工序筛选，泥土、沙子、空籽、瘪籽等杂质含量少。如果目测种子内无这些杂质，或用手插入种子中，抽出手掌后手背、手臂上没有灰尘，则说明种子净度较好。

购买种子要买净度高的。种子净度高，说明商家的生产、加工能力比较强，往往种子质量更有保障。同时，种子净度高，更加有利于播种——尤其是机械播种。而如果种子净度较低，采用机械播种将会出现缺苗现象，后期要增加补苗等工作，甚至会影响田间产量。

种子净度测定的方法，就是挑出样品中的杂质、其他植物种子，测定本作物种子的重量占总体重量的百分率。这一过程需要严谨的操作，如右图所示。

步骤1

步骤2

步骤3

种子净度测定

# 25 什么是千粒重?

千粒重是指1 000粒种子的整体重量,通常以克为单位,体现了种子的大小与饱满程度。

为什么要关注千粒重呢?因为千粒重表面上反映的是种子的轻重,但是,这个指标与种子的饱满程度、发芽率、活力大小等有直接关系。

通常,同一个品种的种子,千粒重大的,种子发芽率更高,发芽更为迅速,长出的幼苗更为健壮,幼苗对不良环境的抵抗能力更强,抗病性也更强,而这些对作物最终产量和品质都有重要影响。

千粒重一直是检验种子质量和作物考种的重要内容,也是田间预测产量时的重要依据。种子袋上标注的千粒重,是种植户需要重点关注的种子质量指标。

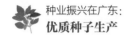
# 26 如何测定种子千粒重？

测定种子的重量主要有3种方法：

（1）百粒法

> 从样品中随机数取8个小样，每份小样100粒种子。

> 将8个小样分别进行称重（克），计算平均重量。

> 将8个小样的平均重量（克）乘10，即为千粒重。

（2）千粒法

> 数取大粒种子2份各500粒，中小粒种子2份各1 000粒，每份均单独称重（克）。

> 对应2份之间差异不应过大，否则要重新选取，再次称重（克）。

> 大粒种子取2份的平均数乘2即为千粒重，中小粒种子取2份的平均数即为千粒重。

（3）全量法

将全部待检验的种子样品通过手工（或通过数粒板等设备）计数，并把种子样品整体称重（克），然后按以下公式计算：

$$千粒重 = \frac{整体重量（克）}{种子数量（个）} \times 1\,000$$

# 27 什么是种子水分?

种子水分也称种子含水量,指种子样品中含有的水分重量占种子样品重量的百分率,即种子干燥程度。种子水分少,即种子含水量低,有利于种子安全贮藏。

种子水分的多少,会直接影响贮藏和运输中种子质量的好坏。种子含水量越多,呼吸作用越旺盛,消耗的营养物质也越多。因此在种子贮藏期间,要控制好种子的含水量,这样才能延长贮藏时间。

种子水分的检测,通常要依赖精密仪器,如右图所示。在没有专用设备的情况下,可以靠经验进行简易估测,比如水稻种子,可以用牙咬或用手指搓捻。取一粒稻种,用牙齿咬,发出"嘣嘣"的声音,响而清脆,断面茬口光滑,则为水分合格稻种。

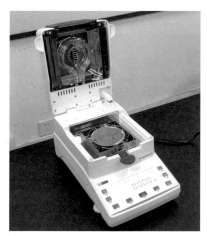

自动化的种子水分测定仪

# 28 什么是种子纯度？

　　种子纯度也叫品种纯度，指种子在田间表现的典型性状的一致程度，是反映种子质量的最重要的指标。一般用供检样本中本品种的种子数占供检样本种子数的百分数表示。例如，从一包标签为"四九"的菜心（学名菜薹）种子中随机取100粒种子，其中96粒是"四九"菜心种子，4粒为"三月青"菜心种子，则该种子纯度是96%。可见，纯度高，说明我们买到的种子中所期望的品种的种子比例高。

种子纯度越高越好

品种纯度高的种子，大多数都能表现该品种的优良特性，往往能够获得丰收。相反，品种纯度低的种子，大多数表现较差，会影响产量和质量。我们认定一个品种，看好一个品种的优良特性（如产量高），就希望买回来的种子全部是所期望的品种的种子。但是，由于诸多原因，目前市面上的种子还无法将纯度提高到100%，我们只能在一定范围内追求一个较高的纯度。

种子纯度低主要有以下几个原因：

①掺有商品粮；

②田间制种时，技术把关不严；

③混有其他劣质品种的种子；

④质量不合格、不达标的劣质种子，在利益诱使下被掺入优良种子中。

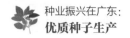

# 29 如何测定种子纯度?

测定种子
纯度的方法

**种子形态检验法**
根据种子大小、色泽、质地、表面绒毛等特征
来鉴别品种。

**种苗形态检验法**
根据幼苗根系特点、芽鞘特征、幼叶形状
和颜色等区分品种。

**成株期形态检验法**
根据大田植株的株形、株高、叶片特征(如叶
片数、叶宽)、花器官特征(如雄蕊、雌蕊特
点)、果实特征(如果穗形态、种子颜色)等
鉴别品种。

　　种子纯度的准确测定对技术和设备的依赖性较强,个人在家里难以准确测定,只能通过对种子大小、形态、颜色、光泽等方面的均匀性进行判断,粗略地估计纯度。如果对种子的纯度有怀疑,最好找当地的技术部门或科研院所代为测定。

# 30 什么是种子的寿命?

日常生活中，我们讲的种子的寿命就是种子的存活时间。但是，由于单个种子的寿命很难测定，所以通常是测一批种子的存活时间。一般对一批种子做发芽实验，然后观察这批种子从收获到发芽率降低到一定比例所经历的时长。在农业生产上，通常将一批种子从收获到发芽率降低到90%的这个时间段称为"农业种子寿命"。

比如，一批玉米种子，从收获到发芽率降低到90%所经历的时长为300天，那么我们就可以说这批玉米种子的农业种子寿命为300天。

为什么要了解种子寿命呢？因为明白这个概念后，可以了解某品种种子质量的高低，以及该品种的种子是否发育得比较健壮。另外，了解种子寿命对于购买种子之后的种子使用、保存也有指导意义。某种子的农业种子寿命越长，则该种子可以存放的时间就越长。寿命较短的种子，尽量不要长期保存，并且保存时尽可能将其置于低温、通风等有利的条件中，以免种子"寿终正寝"，失去发芽能力。

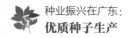
# 31 什么是长命种子、常命种子和短命种子？

通常，根据寿命长短，将种子分为长命种子、常命种子、短命种子3类，如下表所示。

### 种子分类（以寿命长短为依据）表

| 类别 | 寿命 | 代表作物 |
|------|------|----------|
| 长命种子 | >15年 | 蚕豆、绿豆、豇豆、甜菜、陆地棉、烟草、芝麻、丝瓜、南瓜、西瓜、甜瓜、茄子、白菜、萝卜等 |
| 常命种子 | 3～15年 | 水稻、裸大麦、小麦、高粱、玉米、荞麦、向日葵、大豆、豌豆、油菜、番茄、菠菜、洋葱、大蒜等 |
| 短命种子 | <3年 | 甘蔗、花生、苎麻、辣椒等 |

长命种子，寿命>15年

常命种子，寿命3～15年

短命种子，寿命<3年

# 32 种子生活力与种子寿命有什么不同?

前面讲过，种子的寿命就是种子的存活时间，那么，什么是种子生活力呢?

种子生活力，指种子是否具有生命力，也就是种子是"死种子"还是"活种子"。通常，通过测定一批种子中活的种子数占种子总数的百分率来判断。

例如，一批水稻种子，共1 000粒，其从收获到发芽率降低到90%所经历的时长为600天。在第600天这个时间点，我们检测其生活力，发现其中有900粒是活的（能够发芽），那么我们就可以说这批水稻种子的农业种子寿命为600天，在第600天测得的种子生活力为90%。

通过二者的定义不难看出：种子寿命和种子生活力本质上一样，都是指种子所具有的生命力，以及种子是否处于"活"的状态。但二者侧重点不同，种子寿命侧重于描述一批种子从收获到发芽率降低到特定数值（比如90%）所经历的时长；而种子生活力，侧重于描述某一特定时间点活种子数量占种子整体数量的比例（百分率）。

# 33 什么是发芽率？

从概念上来说，发芽率就是一批种子中发芽种子数占检测种子数的比例。例如将100粒种子放置在湿润的条件下（滤纸、砂土等），有90粒发芽或出苗，则发芽率就是90%。

种子发芽率的计算公式：

$$发芽率 = \frac{发芽种子数}{检测种子数} \times 100\%$$

种子发芽率是衡量种子质量的重要指标。通常情况下，颜色鲜亮、籽粒饱满且完整的种子，发芽率高；而颜色灰暗甚至霉变、籽粒干瘪、有虫蛀现象的种子，发芽率低。

如果有时间和条件，在种子播种前可以进行简易的发芽试验，尤其是对贮存时间较长的种子，或者对种子质量产生怀疑时（比如发现种子有霉变或开裂现象）。

简易的发芽方法：将种子放置在湿润的纸上，在纸下衬些洁净的海绵，将海绵浸水，以保持纸张湿润

# 34 种子发芽要满足哪些外界条件?

（1）充足的水分

种子必须吸收足够的水分才能萌发，不同种子萌发时的吸水量不同。为满足种子萌发时对水分的需要，农业生产中要关注天气——尤其是田间降雨，适时播种，精耕细作，必要时辅以人工灌溉，为种子创造良好的吸水条件。

（2）适宜的温度

种子在低温下萌发，幼苗易烂；在高温下萌发，会因为过度代谢而形成弱苗。种子萌发需要一个相对适宜的温度，不同作物的种子萌发都有相应的温度要求，既不能太高，也不能太低。

种子萌发要满足的条件

（3）足够的氧气

种子吸水后呼吸作用增
强，需氧量加大，如果氧气
不足，种子内部就会产生有
害物质，引起腐烂变质。氧
气的含量与播种深度和土质
有关。砂土地一般不会出现
缺氧现象，只有黏土地才会

花生种子发芽

出现。土壤水分过多或土面板结会使土壤空隙减少、土壤空气
的氧含量降低，影响种子萌发。

（4）充足的阳光

一般种子萌发和光线关系不大，无论是在黑暗条件下还是
在光照条件下都能正常进行。但有少数植物的种子，需要在
有光的条件下才能良好萌发，如烟草和莴苣的种子，在无光条
件下就不能萌发。

# 35 种子不发芽的内因有哪些?

（1）种子的完好性被损坏

种子的完好性在种子贮藏、播种的期间都有可能被损坏：

①播种时覆土过厚或基质颗粒太大，使种子受压迫而不能抬头，烂在过湿的土里；

②播种后未覆土，又置于室外，种子被老鼠、鸟类及一些虫子吃掉；

③保存不好，受潮发霉、遭到虫蛀或放置太久造成种子失效或超过发芽期。

（2）种胚的活性低

导致种胚活性低的原因有多种：

①种子处在休眠状态，播种时未采取人工打破措施，如未受精处理；

②种子本身存在问题，如未受精，或种子在未成熟的时候被采收等。

# 36 如何简易地测定种子的发芽率？

种子发芽率的规范测定，需定量控制温度、湿度、光照等条件。在缺乏专业设备的情况下，可以在室内通过以下简易的方法检测种子发芽率。

（1）纸卷发芽方法

将种子均匀放置在一张湿润的发芽纸（或干净且有一定保水性的纸张）上，再将另一张同样大小的发芽纸覆盖在种子上。为防止种子掉落，可沿纸张离底边约3.3厘米处向上对折，然后卷成卷筒形放置，外边再用皮筋或细线绑住，竖直放置于温暖的环境条件下，如下图所示。每天观察，发现纸张变干时，补充少量水，在最后一天记录发芽种子数量，如常见农作物标准发芽试验技术规定〔参照《农作物种子检验规程 总则》（GB/T 3543.1—1995）〕所示。用发芽种子数除以整体检测种子数，就是估算出的发芽率。

纸卷发芽方法

（2）褶折纸发芽方法

将一张干净的发芽纸反复折叠（8~16次，视纸张大小而定）成手风琴形，在每行凹痕处放置1~2粒种子，然后将整张纸收拢，轻轻挤压，并用橡皮筋或细线轻轻固定。用凉开水将整体淋湿后，将其放置在铁盒或纸盒中，保持湿润状态即可。每天观察，发现纸张变干时，补充少量净水，在最后一天记录发芽种子数量，估算出发芽率，如常见农作物标准发芽试验技术规定（参照GB/T 3543.1—1995）所示。

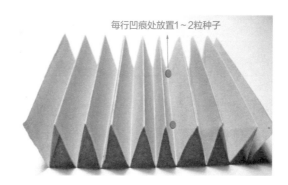

每行凹痕处放置1~2粒种子

褶折纸发芽方法

种子外包装上标准的发芽率值，是通过"标准发芽试验"检测出来的。标准发芽试验要求对温度、光照、发芽天数等进行严格控制，如常见农作物标准发芽试验技术规定（参照GB/T 3543.1—1995）所示，并且需要借助光照培养箱（右图），或发芽箱、发芽室等专业设备。

专业的发芽检测设备——光照培养箱

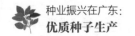
**常见农作物标准发芽试验技术规定（参照GB/T 3543.1—1995）**

| 作物类型 | 发芽温度 | 发芽持续天数（在这一天计算发芽率） |
|---|---|---|
| 稻 | 白天30 ℃、晚上20 ℃，或全天30 ℃ | 14天 |
| 花生 | 白天30 ℃、晚上20 ℃，或全天25 ℃ | 10天 |
| 玉米 | 白天30 ℃、晚上20 ℃，或全天25 ℃，或全天20 ℃ | 7天 |
| 小麦 | 全天20 ℃ | 8天 |

　　采用以上介绍的简易方法，自己检测出的数值和外包装上标准的发芽率值相近即可；如检测值和外包装上标准的发芽率值差异巨大，可以请专业机构进一步测定。

# 37 如何利用感官简便判定种子质量？

感官检验是利用人体感觉器官判断种子质量的一种简易方法。这种方法精确度不高，但便捷、直观，在特定条件下，比如购买种子时，可以作为辅助手段。

例如，借助视觉鉴别判断。一般纯度高、质量好的种子，其表皮有光泽、新鲜、颜色及粒型均匀一致，整齐度好。检验时应注意灯光色泽的影响。如果某种子纯度较高，但外观颜色不好看，说明它可能受潮发霉或者是陈种子。对种子净度进行检验时，可以观察种子中是否含有杂草、虫尸、砂石、泥块等杂质，进而判别其净度高低。

再比如，借助嗅觉判断。一般新鲜的正常种子无气味，如果种子有异味，可能是受潮发霉，或者是打场时受雨水的影响，这样的种子就不能用。

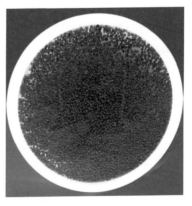

枸杞种子（借助感官可以初步判别种子质量）

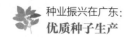
# 38 怎样简易鉴别种子是否带病?

有些常见农作物的种子，往往也会有一些病种掺杂其中，种下病种后会直接影响产量。那么，在市场上该如何鉴别病种呢？

带病的种子基本都会展现与其他正常种子明显不同的性状，例如：种子表皮呈现不同以往的暗淡颜色，种子外表上有病斑或有一层不同颜色的霉状物或丝状物，触摸时可能会腐软或有凹陷，更有甚者会产生异味。

玉米种子病粒表皮被红色或粉红色丝状物包围着，种粒发芽时长出微黄色及红色的菌丝体，则一般为赤霉病。水稻种子病斑呈椭圆形或不规则形，褐色或黑褐色，甚至黑色，则患稻瘟病的可能性比较高。

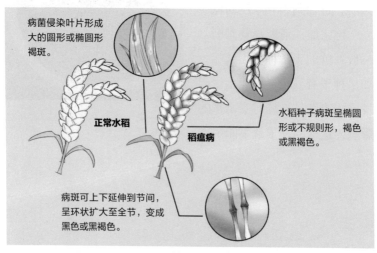

带病水稻种子的鉴别方法

# 39 怎样简易识别常见种子的优劣？

（1）眼看

用眼看种子，一看颜色，新种子、好种子颜色鲜艳，陈种子、坏种子颜色暗淡。二看光泽，新种子有光泽，经长时间贮存或多次曝晒后的种子都会失去光泽且颜色变淡。三看整齐度，看种子是否饱满，是否整齐一致，种粒大小基本一致、整齐度好的种子使用价值高。四看净度，看种子是否含杂质，破籽有多少，有无虫口、菌瘿或霉变情况。

（2）鼻闻

用鼻闻种子，新种子有一股谷香气味，陈种子有污尘气味，受热变质的种子有股酒糟味，油料作物种子变质有股酸败味。

（3）手摸

用手摸种子，手感疏松，散落在地有清脆声的种子为好种子。

（4）牙咬

用牙咬种子，一咬即断，并有清脆声响，则种子含水量较低；一咬即断但无清脆声响，说明种子含水量较高；一咬成饼，无声无响，说明种子含水量高，易发热、受冻。

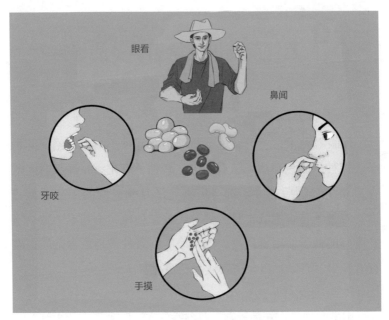

识别常见种子优劣的简易方法

# 40 我国种子质量检验机构有哪些？

　　我国种子质量检验机构分各级农业主管部门设立的种子质量检验机构和各种子生产经营单位设立的种子质量检验机构。各级农业主管部门负责农作物种子质量的监督，具体由各级农业主管部门的种子管理机构负责。各级农业主管部门可以委托种子质量检验机构对种子质量进行检验。承担种子质量检验的机构应当具备相应的检验条件和能力。

**我国种子质量检验机构及其职责**

| 机构 | 职责 |
|---|---|
| 农业主管部门设立的种子质量检验机构 | 贯彻种子质量检验管理办法及有关种子质量检验的技术规程、分级标准等；<br>指导监督辖区内的种子质量检验工作；<br>承担种子质量监督、抽检和仲裁检验；<br>接收种子生产、经营及有关单位的委托检验；<br>组织经验交流和技术培训 |
| 种子生产经营单位设立的种子质量检验机构 | 负责本单位生产、加工、贮藏、经营的种子的质量检验、控制、监督等 |

# 41 种子包装有哪些要求？

（1）种子要适量包装

应根据种子大小、需求量等实际情况，进行标准化、规格化包装，每包种子重量要适中，以方便陈列、销售、运输、携带、使用。

（2）种子要选择合适的包装材料

包装材料要轻便、耐压、方便运输、能保护种子。对于水稻和小麦这种用量大、种价较低的种子，可选用透明度好、耐磨拉的聚乙烯塑料袋包装。对于蔬菜和瓜类等用量少、价格昂贵的种子，可用复合膜、铝箔材料制成的包装袋或用马口铁罐包装。不同种子用不同种类的包装材料，可以节省费用。

（3）种子的包装物印刷图文要醒目、简要

应将作物种类、品种名称、生产商、质量指标、净含量、

不同的种子包装材料

罐装种子

生产年月、警示标志和"转基因"标注内容直接印刷在包装物表面或者制成印刷品固定在包装袋外。品种介绍等可放入包装袋内。

（4）种子包装标识重量要诚信

售卖种子时，计量要准确，杜绝缺斤少两。如果包装袋上标注的种子的净含量为20克，而实际只有19克，会让产品失信于消费者，造成客户流失。

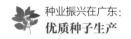

# 42 种子包装物必须标注哪些内容？

固定在种子包装物表面及内外的特定图案及文字说明叫作种子标签。

种子标签应当标注作物种类（明确至植物分类学）、种子类别（按常规种和杂交种标注，类别为常规种可不具体标注）、品种名称、品种审定或者登记编号、品种适宜种植区域及季节、质量指标（按品种纯度、净度、发芽率、水分分别标注）、净含量、生产年月（指种子收获的时间）、检疫证明编号（标注产地检疫合格证编号或者植物检疫证书编号）、种子生产经营许可证编号和信息代码、生产经营者及注册地（生产商地址按种子经营许可证明的地址标注，联系方式为电话号码或传真号码）。

常见的种子袋（正面与反面）

有以下情况时，标注内容应当分别加注：

①主要农作物种子应当加注种子生产经营许可证编号和品种审定编号；

②两种以上混合种子应当标注"混合种子"字样，标注各类种子的名称和比率；

③药剂处理的种子应当标明药剂名称、有效成分及药剂含量、注意事项，并根据药剂毒性附骷髅或十字骨的警告标志，标注红色"有毒"字样；

④销售转基因植物品种种子的，必须用明显的文字标注"转基因"字样，并提示使用时的安全控制措施；

⑤销售进口种子的，应当附有进口审批文号和中文标签。

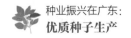
# 43 如何选购良种?

　　购买及保存良种,可以按以下6个步骤进行:

　　(1)到正规场所购买

　　正规场所是指营业执照、种子经营许可证齐全的经销商处。购买种子时要注意核实种子经营者的证照,查看证照经营范围与其所卖种子是否相符。不要购买散装种子、走街串巷的流动商贩销售的种子,以及证照不齐全的经营者销售的种子。对于不切实际、夸大其词的路边种子广告宣传或周围邻居的劝导,要保持警惕,不要轻易相信。切记:没有万能的作物良种,要货比三家,购买质量优良、价格合理的种子,不可贪图便宜而购买不合格的廉价种子。

购买种子要到正规场所,切勿贪图便宜买来路不明的种子。

低价处理优质种子!

购买种子后向经营者索要购种发票或收据，发票或收据要盖有经营者的印章，并要求清楚地标明购买时间、作物种类、品种名称、数量、价格等重要信息。当发现所购买的种子尚未播种就有质量问题的，应及时找经营者调换或退货，并且向当地农业、工商部门或消费者协会投诉。

（2）看品牌

当前，经过国内外种子企业的市场竞争，种子行业的发展已逐步走向健康化、规范化、透明化，种子竞争已由传统价格竞争向品牌竞争迈进。品牌，尤其是国内外知名企业的品牌，是我们选择种子的重要参考。这就像买家电，选择知名大品牌比选择街边摊、路边货买到残次品的可能性要小许多。因此，在农业生产最关键、最直接的生产资料上一定要舍得投入，不要一味去比较价格，要重视品牌。

如果购买的种子，其生产企业不是比较熟悉的大企业，大家可以使用手机在网上查询该企业介绍及相关新闻报道，与国内或省内其他知名种子企业进行横向比较，进而判断该企业在国内或省内所处的位置及其品牌价值。

（3）看品种

优良的种子，要同时具备优良的品种特性和种子特性，所以购种要先选择品种。

首先，任何优良品种都有其局限性（品种的区域适应性），所以一定要根据品种生长发育特征及特性、当地的水肥条件，因地制宜选择当地经过实践适宜种植的品种，切莫为了追求高产而盲目追求新奇品种。

其次，要仔细阅读品种说明，可以向种子生产企业了解品种

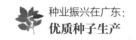
相关知识，还可以咨询当地技术部门、科研单位，看所购品种是否适合在本地种植，种植时间是否同你的种植茬口相一致。

最后，不要购买冠有稀奇古怪或有夸大宣传的品种名称的种子，不要购买标榜的品种特性与科学常识不符的种子。在不能完全掌握品种信息时，要避免片面追求品种的高产，而应该强调稳产。事实也不断证明，稳产远比高产重要。为了稳产，要选"保险"的种子，不选"新颖"的种子。所谓"保险"的种子，就是在当地种植至少2年并且表现较好的种子。

（4）看包装

种子的外包装物，是种子企业实力和信誉的外在表现。要仔细阅读种子包装物上的文字说明，因为品牌大、信誉好的种子企业，往往对种子使用者比较负责，其生产的种子的使用说明比较细致，也比较贴近实际；相反，信誉差的企业生产的种子的使用说明往往比较粗糙、模糊，甚至为了诱导消费者购买会夸大其词。

（5）看种子质量

如果经营场所允许，应当场拆开包装查看种子质量；如果条件不允许，则应在播种前，先打开一袋种子仔细查看质量，然后再进行田间播种。

我国对种子企业有强制要求，所以通常情况下，种子外包装上会标注且只标注"纯度""净度""水分""发芽率"（有时简称"芽率"）4项质量指标（右图）。

（6）种子购买后的保存

购种回家后，要及时将种子放置于冷凉、通风、干燥、密

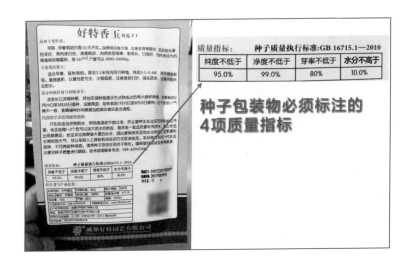

封性良好（防虫和防鼠）的地方，避免种子霉烂变质。同时要留好包装袋、标签、说明和购种发票（收据）等材料，以便出现问题时作为证据进行调解或索赔。

# 44 选购农作物种子有哪些渠道？

通过正规渠道购买农作物种子是购买良种至关重要的一步，可以通过下面几种途径购买种子：

（1）种子店购买

到种子店购买种子是大多数农户的选择。通过种子店购买种子的小面积种植户，可以在播种前2天，在农资店购买良种和拌种剂，经过拌种、晾晒等步骤后就可以播种。

（2）当地有关部门推荐

每年种植季节来临时，农业部门常常会推荐一些适合当地种植的品种种子，可以重点考虑这些品种。

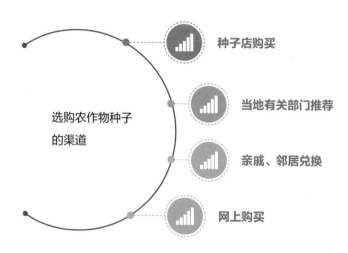

（3）亲戚、邻居兑换

如果为常规种子，亲戚、邻居们种植的农作物产量不错（比如自己种植的农作物亩产500千克，而邻居家亩产650千克），可以通过向亲戚、邻居兑换获得适量种子。

（4）网上购买

随着网络越来越发达和普及，不少农户会选择在网上购买种子，比如通过一些农资类的网站或者在网上搜索种子公司的电话进行购买。这种购买途径，优点是种子的价格可能相对比较便宜，很多是厂家直供，缺点是可能买到假货。需要注意，网上购买种子看不到实物，有一定的风险。

# 45 村干部推荐的种子必须购买吗？

村干部推荐的种子不是必须购买，农民有权拒绝。

《种子法》第四十三条明确规定，种子使用者有权按照自己的意愿购买种子，任何单位和个人不得非法干预；第八十八条规定，违反本法第四十三条规定，强迫种子使用者违背自己的意愿购买、使用种子，给使用者造成损失的，应当承担赔偿责任。

农民享有自主选择种子的权利，不要因为是村干部推荐的种子就一定购买。当然，如果村干部认真负责，并没有因为私利或其他原因随意推荐种子，而且推荐的种子是正规厂家生产的优良品种种子，可以在了解种子的真实资料信息和生产情况后货比三家，如果村干部推荐的种子符合自己的种子需求就可以考虑购买。

# 46 购买散装种子要注意哪些事项?

种子根据是否有包装分为散装种子和包装种子。

散装种子是指售卖时按客户需要的数量称量卖出,没有正规的包装,包装物没有标注种子信息的种子。有规范的包装袋或包装罐的种子是包装种子。包装种子每一袋(罐)都有固定的净含量,包装物标注有种子信息、生产商、保质期等。

相比之下,散装种子有以下缺点:

(1)散装种子的来源不明确,种子质量很难保障

散装种子可能来自小厂家或者小作坊,种子质量难以得到保障;也可能是正规厂家生产种子时被淘汰的不好的种子,被有些人拿来散装出售。

以上2种来源的种子很可能在种植过程中出现出苗少、苗长得不好的情况,造成减产的可能性比较大。

(2)购买散装种子无法得到品种特征、特性及主要栽培措施、使用条件等说明资料

散装种子的价格比包装种子便宜,因此许多种植户偏好买散装种子。建议尽量不要购买散装种子,如果要购买,需要注意以下情况:知道散装种子的实际资料信息和种植情况;向商家了解散装种子的来源;观察散装种子籽粒色泽是否正常,有无虫害、霉变等情况。

不管散装种子还是包装种子,购买后都要保存好发票、收据、种植资料等。如果种子质量出现问题,可以凭借这些东西索取赔偿。

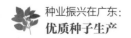

# 47 购种后要保存哪些材料以保障自身权益？

为保障自身权益，购种后要保存以下材料：

（1）发票

购种回家后不可以丢弃发票，如果种子出现质量问题，可以凭借保留的发票索赔。

（2）种子包装物

种子收获前请勿丢弃包装物。应到有经营资格的单位选购包装规范的种子，最大可能保证种子质量。

（3）栽培说明书

根据栽培说明书用良法播良种。如果种子出现问题，可以查看是否根据栽培说明书正确栽培。

三

种子生产

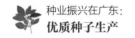

# 48 什么是种子生产？

种子生产，简单来说就是将较高质量的种子播种，收获大量有一定质量保障的种子，后期销售给种植户使用。

种子生产从数字上看，就是种子由少变多的过程。这里涉及一个概念——繁殖系数。繁殖系数是指种子的收获量与播种量之比。比如，播种100粒种子，繁殖出1 000粒种子，繁殖系数为10（1 000/100）。

不过，在种子由少变多的过程中，要确保种子质量。种子质量主要是指品种纯度，品种纯度是指品种性状典型一致的程度（如种子形状、大小、色泽、质地、表面的光与毛，以及种子外表各部位特征的一致程度）。用纯度低的种子播种，不仅不能充分发挥良种的作用，而且会给农业生产带来巨大损失。

例如，玉米制种田，一般要求与其他玉米种植田间隔300米以上，就是为了防止其他田块的花粉飘到制种田，造成"意外授粉"，降低种子的品种纯度。

制种田要与同作物的其他田块保持距离，防止花粉污染，造成种子纯度降低。

# 49 优良品种在农业生产上为什么重要?

优良品种在农业生产中的主要作用有:

①大幅度提高单位面积产量,提高农业生产经济效益。优良品种增产潜力大,在资源环境条件欠缺时能保持稳产。

②改善和提高农产品品质。优良品种更符合市场经济发展的要求,更有利于发展商品生产。

③减轻自然灾害带来的损失。优良品种对常发的病虫害和不良的生长环境具有较强的抗耐性,可以保持稳产和防止农产品品质变劣。

④有利于机械化生产(如机械化播种、收获),提高田间生产效率,提升农业自动化水平。

# 50 种植户可以自己留种吗？

种植户可以留种，但在某些情况下，用留种后的种子再次播种会使作物产量、品质严重下降。

自花授粉（一朵花雄蕊的花粉落到这一朵花雌蕊柱头上，称为自花授粉）的作物，比如大麦、小麦、大豆、水稻等，一般最多可以种3年。如果农户今年种植的是大豆新品种，在收获时感觉这个品种产量高而且抗倒伏，农户是可以选择某一地块进行留种的。种子使用到第3年，就不建议再使用了，因为种子的抗病性、抗虫性和产量均会明显降低。

但不是所有的种子都能留种的，例如杂交种子就不能留种。杂交种不能留种是因为会出现性状分离（即下一代无法表现上一代的优良性状，如某次收获的种子产量很高，但是再次播种后产量可能会下降）。

除了杂交种不能留种，以下4类种子也不宜留种：

（1）在水泥地上曝晒过的种子

特别是含水量高的棉或稻种，由于地面温度高，种子呼吸作用旺盛，导致种子受热致死，失去发芽能力。

（2）喷过乙烯利的作物种子

用乙烯利催熟缩短了农作物的成熟期，造成种胚发育不全，影响种子发芽率。

（3）与农药、化肥一同存放的种子

农药、化肥会散发有毒、有害气体，破坏种子正常机能，大大减弱种子的发芽能力。

（4）机械损伤过的种子

机械损伤过的种子容易被霉菌、虫害影响，对发芽率影响很大，不宜留种。

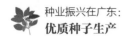

# 51 种植户将自留种销售给他人违法吗？

种子经营者必须先取得种子经营许可证后，才能办理营业执照。

但是，最新的《种子法》第三十七条规定：农民个人自繁自用的常规种子有剩余的，可以在当地集贸市场上出售、串换，不需要办理种子生产经营许可证。

需要注意：

①对"农民个人"应理解为限于自己承包责任田的农民，对于流转耕地的大户、家庭农场和种子生产经营者，此类行为应当予以禁止。此外，要求是常规种。

②限于"在当地集贸市场上出售、串换",即不应超出本乡镇的范围。

综上,对于常规种子,农民个人在自己承包的土地上生产,有少量剩余的,可以在当地集贸市场出售、交换。

另外,对于本条法规的执行不应与本法其他相关法律、法规相冲突,农民销售剩余的常规种子不应损害或侵犯其他人的合法权益。对于故意或者恶意钻法律空子,或者变相从事种子生产经营、影响正常的种子市场秩序的,应当予以坚决取缔和打击。

# 52 什么是种子生产基地？

种子生产基地是指拥有适宜种子生产的生态环境和专业良种繁育设备，专门生产种子的地方。

种子生产基地有2种形式：

（1）自有良种繁育基地

自有良种繁育基地是种子生产企业、高校、科研院所、农场等对自行研发的种子进行生产繁育的基地。自有良种繁育基地通常规模小，但是科研实力强，实践经验丰富，生产设备齐全。

（2）特约良种繁育基地

特约良种繁育基地是我国目前主要的良种繁育形式。特约良种繁育基地有3种类型：第一种，县、乡统一管理的大型良种繁育基地，通常是把一个生态区或者一个自然区域内的若干个县、乡联合在一起，建立专业化的种子生产基地；第二种，由自愿承担良种繁育任务的若干农户联合起来建立的中小型良种繁育基地；第三种，专业户特约繁育基地，由精通良种繁育技术、土地较多、劳动力充足、生产水平较高的农户直接与种子公司签订某品种繁育合同。

# 53 帮种子公司代繁种子要注意哪些事项？

在法律允许的范围内帮种子公司代繁种子要注意：

（1）先了解代繁种子品种是否合法，拒绝违法种子的代繁

未取得种子生产许可证或者伪造、变造、买卖、租借种子生产许可证及未按照种子生产许可证的规定生产种子，都属于违法生产种子。必须做守法市民，不能随意代繁种子，要有法律意识，避免触犯法律而不自知。

（2）签订代繁协议

帮种子公司代繁种子时需要与对方达成协议，签署合同，以防种子生产出来后种子公司突然反悔，给自己造成重大损失。

> 需要与种子公司签订代繁协议，避免其中一方后悔，造成损失。

（3）合同是否成立且有效

签合同时需要清楚该业务是否超越该公司的经营范围，对方是否有权利代表公司签署该合约，是否超越其权限，有必要时可以要求对方出示授权委托书，并标明授权范围。如有疑惑可进一步核实，防止给双方带来不必要的损失。

（4）种子质量的验收与种子回收结算

先商议好种子质量要求和种子回收结算，并在合同中写清楚要求，防止之后因各种质量原因引起纠纷。在合同中先写明生产的种子纯度、净度、发芽率、水分等要达到的要求。

# 54 代繁种子要关注哪些种子质量指标？

种子质量指标是指生产商必须承诺的质量指标，主要有品种纯度、净度、发芽率、水分等。国家或地方有种子质量指标的，代繁种子承诺的指标不能低于国家或地方规定的标准。高质量的种子应兼有优良的品种属性和良好的播种品质。

（1）种子的品种属性

品种属性是指品种纯度、丰产性、抗逆性（植物具有的抵抗不利环境的某些性状，如抗寒、抗旱、抗病虫害等）、早熟性、产品的优质性及良好的加工工艺品质等性质。尤其是要关注种子纯度——种子最重要的质量指标。

（2）种子的播种品质

播种品质是指种子的充实饱满度、净度、发芽率、水分等。

生产种子时，纯度最重要，要及时去杂（去除非本品种植株）。

# 55 繁种过程为什么要人工授粉?

人工授粉可以提高结实率或种子质量。杂交种和不育系必须人工授粉。

　　人工授粉是指人为地将植物花粉传送到柱头上以提高结实率或有方向地改变植物物种的技术措施。对于杂交品种和不育系（自身不能繁殖后代的品种，如棉），必须进行人工授粉才能获得种子。

　　例如，杂交小麦种子生产就需人工辅助授粉。小麦为自花授粉，借用风力自然传粉的能力较弱，必须进行人工辅助授粉，也叫赶花粉。常用的工具有竹竿和绳索2类。在小麦盛花期，主要是父本开花高峰期的9:00—11:00、15:00—17:00，用绳索或长竹竿将父本推向母本方向，使花粉均匀地散落到母本的雌蕊柱头或绒毛上，达到异交结实的目的。

# 56 人工授粉的注意事项有哪些?

人工授粉时要注意以下事项:

（1）注意授粉的时间

花粉成熟时才能进行人工授粉,没有成熟的花粉不能进行人工授粉（成熟的花粉在没有人为干预的情况下会自然散落在花瓣上,若注意到花瓣上有较多的花粉且保证是在没有人为干预情况下掉落的,可认为该花粉已成熟）。最佳授粉期是所授品种处于盛花期的10:00—16:00,花心柱头上分泌黏液的时候。

（2）露水影响授粉,要避免早晚有露水的时候

通常8:00—11:00可进行人工授粉,田间不要有露水。如果过早,露水会影响授粉。同样地,晚上有露水也不宜授粉。

（3）注意授粉时的温度,高于35℃时不宜授粉

高温干燥的条件下,不利于授粉,因为高温情况下花粉很快会丧失活力或者花药（花药中有花粉囊,能产生花粉粒）不能正常开裂散粉。

（4）现采现授,授完再采

防止一次采粉过多,造成堆积,导致花粉死亡,影响授粉。

（5）选择晴朗天气进行授粉,有雨时不能授粉

雨水会冲走花粉,不利于授粉。若授粉后2小时内下雨,要重新授粉。

晚上不能给作物人工授粉，因为露水会影响花粉的质量。基于同样道理，清晨也不能授粉。

（6）授粉后，用布条等标记授粉时间以示区别，方便采收

用布条、插地牌等简单标记后，还应在记录本上详细记录授粉时间、标记方式等细节。

# 57 常规种和杂交种的生产过程有什么区别?

常规种和杂交种的生产过程都需要进行基地选择（生态条件满足生产种子的需要）、隔离（时间、空间、屏障隔离）、种子质量控制、田间管理（去杂去劣）等。

但杂交种在生产上与常规种存在很多差异，表现为以下6点。

（1）隔离条件

常规种和杂交种都是通过时间隔离（繁种田本品种和其他品种的花期错开，不要在同一时间）、空间隔离（通过拉开距离隔离）和屏障隔离（用隔离网等进行隔离）等措施进行隔离，但是常规种的空间隔离距离是10～50米，而杂交种的空间隔离距离则需要300～1 000米。

（2）种子的质量要求

常规种是对播种品种的质量要求较高，因为常规种的后代性状与播种品种的性状相关。杂交种是对亲本种子的质量要求较高。

（3）田间管理

杂交种除了与常规种一样要进行田间管理外，还要促进和保障花期相遇，可以通过调整播种期、调控苗期，对生长慢的幼苗采用早施肥、早松土促进生长发育，对生长快的幼苗采取晚育苗、晚松土控制生长，以及采用人工辅助授粉等方法控制花期相遇，防止亲本的花期错过。

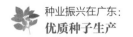

和常规种相比，杂交种还有人工去雄和人工授粉的过程。

（4）去杂

常规种是去杂保纯，因为常规种的后代性状与播种品种的性状一致。杂交种是去杂去劣，可以通过杂交种产生不同性状的后代，从中选出符合自己需求的品种。

（5）杂交种有常规种生产过程中没有的人工去雄和人工授粉

常规种通过自然授粉生长出来，而杂交种是由不同的父本和母本通过人工授粉杂交形成的。

（6）收获

常规种正常收获就可以了。杂交种常常会产生不同性状的后代，有时要进行分收、分晒、分脱、分藏，防止人为混杂。

# 58 如何通过田间检验控制种子质量？

田间检验员到田块中进行实地考察和抽样检验，保证种子质量。

田间检验是指种子生产过程中，在作物生育期间，由田间检验员到良种繁育田块中按相关的技术规范进行实地考察和取样检验的行为，通过检验来保证种子的质量。

田间检验以检验品种纯度为主，同时检验杂草、异作物混杂程度，病虫感染率，生育情况等。对于杂交制种田还需要检查隔离条件是否符合要求。

田间检验有以下3种目的：

①通过隔离条件的检查，防止外来花粉污染导致的品种纯度降低。做好隔离措施，例如通过空间隔离控制好不同品种作物种植的距离，防止因蜜蜂或者风带来的外来花粉导致品种纯度降低。

②通过检查种子生产技术落实情况，指导田间去杂、去劣和去雄，防止杂株散粉和自交的发生。

③通过病虫害、异作物和杂草混杂等情况的检查，指导田间管理，提高种子质量。

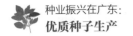
# 59 种子生产过程如何保持纯度？

种子纯度是指本品种的种子占供检作物种子样品的百分比。种子生产过程保持纯度应注意以下3个方面：

（1）建立亲本的提纯和繁殖基地

这是获得较纯种子的保障，一定要选择自然条件好、排灌良好、土质中上、技术力量雄厚的基地。

（2）杂交亲本的提纯、繁殖

例如，杂交水稻是由不育系、保持系和恢复系三系配套而成，三系如果不同时同步提纯，就会出现混杂、变异、退化等现象。而三系中只要有一系混杂、变异、退化，都会影响杂交水稻种子的纯度。

（3）严格进行田间检验，及时去杂

去杂是保证种子纯度的关键措施之一，要把父母本田间在株高、叶色等性状上与本品种明显不同的植株去除干净，把异品种和不育系田间的怀疑株去除干净。

建立亲本的提纯和繁殖基地有哪些要求？

1. 自然条件好
2. 排灌良好
3. 土质中上
4. 技术力量雄厚

# 60 种子田间生产为什么要去杂去劣？

　　及时去杂、去劣是提高种子纯度和产量的重要环节。种子多、乱、杂是制约作物稳产高产的主要障碍。

　　种子田间去杂能保持品种的纯度，提高种子质量。种子中的杂质要及时去除，田间的杂草、杂种要拔除，才能不影响种子的生长，保持品种纯度。小麦田间要及时去除燕麦、雀麦、节节麦等恶性杂草。

　　种子中含有劣质种子会影响种子质量，难以收获大量健壮的种子。去杂有利于去除空瘪的、感病的、劣变的种子，收获健壮的种子。例如蚕豆、花生和大豆种子颜色变深、发生劣变时，要及时除去。

　　为保持品种纯度，种子要及时去杂，田间要及时拔除杂草、杂种。

四

种子加工与贮藏

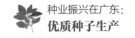
# 61 什么是种子加工?

种子加工是指种子从收获到播种前进行的一系列处理,主要包括种子的干燥、清选、精选分级、选后处理(如拌种、包衣、丸粒化等),以及计量、包装等。

(1)种子的干燥

种子的干燥就是通过晾晒等方式减少种子中的水分,以更长久地存放种子。新收的种子含有较高的水分,易发霉变质,必须及时彻底地干燥。

种子的干燥(晾晒)

(2)种子的清选

种子的清选是清除混入种子中的泥土、石块,以及残余的茎、叶等杂物,提高种子纯净度,为精选、包衣、包装等做准备。

(3)种子的精选

种子的精选是在清选后更进一步地挑选种子,从种子中分离除去异作物、异品种,或饱满度和密度低、活力低的种子,挑选出更好的种子。清选是剔除种子中的杂质,而精选是剔除质量不好的种子。

(4)种子包衣

种子包衣就是给种子穿一件"外衣",像我们夏天穿防晒衣,冬天穿棉大衣一样。通过给种子包衣,在种子周围形成防

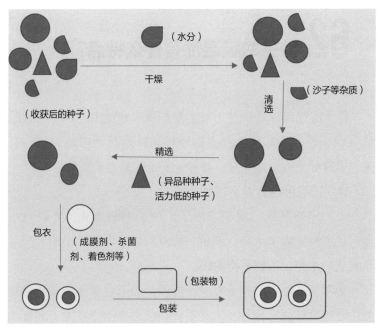

种子加工流程图

病、防虫、提高生命活力的保护膜，提高幼苗素质，增强幼苗对不良环境和病害的抵抗能力。

（5）种子包装

种子包装是指将种子盛装于某种容器（如铁罐）或包装物（如塑料包装袋）之内，以保护种子，方便运输、贮藏、销售和使用。

# 62 种子的吸湿性有什么特点?

种子的吸湿性是指种子对水汽的吸收和呼出。种子的吸湿性与种子的构成成分、外界的环境条件及种子内部的结构有关，了解种子的吸湿性对指导种子安全贮藏有重要意义。

种子的吸湿性有以下特点：

①一定的温度、湿度条件下，种子不断地从外界吸收水分，也不断地呼出水分，经过一段时间后，种子呼出的水分等于吸入的水分，达到平衡的状态。

②含油脂较多的种子吸湿性较弱，而禾谷类种子含油量较低，吸湿性较强。另外，禾谷类种子胚部含油脂量大于胚乳部分，其胚部还富含多种维生素和矿物质，营养丰富，易被微生物侵染和仓虫危害，通常成为发霉变质的起点。

因此，在种子贮藏过程中，应尽量使种子处于干燥、密闭的贮藏环境，以隔绝水汽进出。对于南方——尤其是降雨量较多的地区，更要注重种子保存环境的干燥。

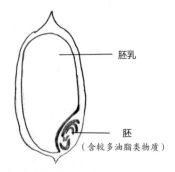

胚乳

胚
（含较多油脂类物质）

稻种胚部营养丰富，成为发霉变质的起点

# 63 种子干燥的目的是什么?

种子干燥的目的包括以下3方面:

（1）防虫蛀、防霉变、防冻害

新收获的种子含水量高，容易诱导仓虫活动，也容易长菌发霉。当含水量非常高（如达到20%以上）时，种子在炎热或寒冻情况下极易死亡。

（2）确保安全包装、贮藏及运输

种子在呼吸的过程中会散发热量和水分（出现"出汗"现象），极容易引起种子发热霉变，因此种子必须经过干燥才能进行包装、贮藏和运输，以减少经济损失。

（3）保持包衣和处理后种子的活力

对种子进行包衣或其他处理时，采用的包衣剂和处理药剂一般为水溶液，在处理过程中，种子会吸水回潮，处理后必须及时干燥，以保持种子的安全贮藏期。

种子需要经过干燥后才能进行包装、贮藏和运输，以减少经济损失。

# 64 常用的种子干燥方法有哪些？

常用的种子干燥方法有自然干燥和人工机械干燥法2类：

（1）自然干燥

利用日光曝晒、通风和摊晾等方法减少种子中的水分。该方法简便、经济、安全，适用于小批量种子的干燥。要保证卫生、摊薄、勤翻。

（2）人工机械干燥法

一是自然风干法。这种方法只需要一台鼓风机即可，简单、方便、易行，但干燥性能有一定限制。

二是热空气干燥法。其工作原理是：在一定条件下，提高空气温度，改变种子水分。和在夏天晒种子一样，这种方法也是借助较高的空气温度达到干燥种子的目的。

但用热空气干燥法干燥种子应该注意：绝不可将种子直接放在加热器上焙干；应严格控制种温；如果种子水分过高，可采取多次干燥；烘干后的种子，需冷却到常温才能入仓。

常用的种子干燥方法

# 65 种子干燥时要注意哪些事项?

种子干燥时,种子内在因素对种子的影响不可忽视,主要的内在因素有2点:

(1)种子的生理状态

刚收获的种子,其水分一般都偏高,这个时期的种子生理代谢作用相当旺盛,种子本身的呼吸作用会释放出较大的热量,此时的种子是热的,不能直接进行高温干燥。如果把种子比作人,此时的种子就相当于一个满身大汗的人,他现在需要的是降温,如果再进入温度很高的房间,不仅无法降温,还有可能对他的健康产生危害。

所以对这种种子进行干燥时,一般采用先低温后高温的方法,先低温让种子将自身的热散掉,再进行高温干燥。

(2)种子的化学成分

对于不同化学成分的种子,在干燥时也应区别对待。淀粉质种子(常见的如水稻、小麦、玉米种子)内的毛细管粗大,排水量大,可以在短时间内排出大量水分,所以可快速干燥;蛋白质种子(常见的如大豆)含有大量蛋白质,种子内的毛细管较细,排水量小,不能快速大量排水,要慢速干燥;油质种子(常见的如花生、芝麻)子叶中含有大量的脂肪,油性物质的含量较高,这类种子的水分在高温下会散发得很快,可以快速干燥。

### 不同化学成分的种子的干燥方法

| 不同化学成分的种子 | 干燥方法 |
| --- | --- |
| 淀粉质种子（常见的如水稻、小麦、玉米种子） | 快速干燥 |
| 蛋白质种子（常见的如大豆） | 慢速干燥 |
| 油质种子（常见的如花生、芝麻） | 快速干燥 |

# 66 如何进行种子清选?

种子清选是指去除种子中混入的泥土、石块,以及残余的茎、叶、穗等杂物,以提高种子的干净程度。

经过清选的种子具备良好的生长发育基础,不仅可以使播种后的种子出苗齐、苗壮,充分发挥良种的作用,而且能减少种子病害互相感染的可能性,使田间杂草含量降低,作物生长整齐,成熟一致,有利于机械化作业,同时清选出来的次品还可作为饲料用粮,节约费用。

最基本的清选方法是采用风筛清选机,根据各种杂物重量、大小不同进行分层筛选。粗加工的种子进入清选机后除去谷壳、碎叶等较轻的杂物,然后进入顶层筛子以剔除较大的杂质(泥沙、石块等),进入第二层筛子后将种子按大小分类,经过第三层筛子对种子进行更细的剔除,再经过第四层筛子进行种子精细分级(通过不同规格的筛孔将不同长、宽、厚等形态的种子分级),最后得到饱满、形状规则的籽粒。

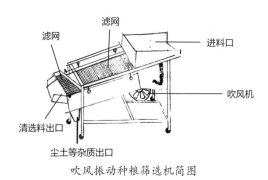

吹风振动种粮筛选机简图

# 67 什么是种子精选?

种子精选是指剔除种子中混入的其他作物、其他品种种子,以及被虫蛀的、干瘪的、劣变的种子。种子通过精选后,可以提高其纯度、发芽率、活力。

精选方法主要有:

①根据种子的长、宽、厚进行分离。分别选用窝眼筒、圆孔筛、长孔筛,按照种子的尺寸进行筛选。

②根据种子的重量进行分离。通过自然风或风扇进行筛选,饱满的谷粒落在较近处,而空瘪谷粒由于重量过轻而被吹到较远处,从而达到精选分离的目的。

③根据种子表面特点进行分离。有些种子或杂物的表面较为粗糙,而有些较为光滑,利用这一特点,我们可以把种子混杂物倒在一张向上移动的布上,随着布的向上移动,表面较为粗糙的种子或杂质被带着向上,而表面光滑的种子向着倾斜的方向滚到底部,从而达到精选分离的目的。

不同孔径的圆孔筛

# 68 仓储种子"发热"时怎么办？

种子像人一样，时刻都在呼吸，而其呼吸的过程会产生热量。当大量种子堆积在一起，它们一起呼吸，会放出大量热量和水分，此时种子堆会"发热"。

种子"发热"会造成种子潮湿，甚至引发种子霉变，所以一定要重视和解决种子发热的问题。

怎么应对种子"发热"呢？要及时通风，把种子的温度和湿度降下来，具体来说就是要根据仓库内外的温度、湿度差异科学通风。

仓外温度和湿度均低于仓内时　可以通风

仓内温度等于仓外温度　仓外湿度低于或者等于仓内时　可以通风

仓外温度低于仓内而相对湿度高于仓内　但仓外绝对湿度低于仓内时　可以通风

仓外温度高于仓内而湿度低于仓内　但仓外绝对湿度低于仓内时　可以通风

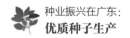

# **69** 仓储种子结露后如何处理？

通常采取倒仓的方法，即将仓库中的种子重新晾晒、曝晒，对结露预防失败的种子进行补救。

　　结露是指物体表面温度低于附近空气露点温度，物体表面出现水珠（冷凝水）的现象。种子表面结露，通常的处理方法是倒仓，即将仓库中的所有种子拿出去，利用日光重新晾晒、曝晒，或利用机器烘干。

　　如果仅是种子堆表层结露，可以将从结露部分到种子堆深至50厘米的一层揭去曝晒。如果发生在种子堆深层，可以通过机械通风，利用仓内外的空气交换达到祛湿的目的。

　　如果受天气影响无法曝晒，也无烘干通风设备时，可以采用就仓吸湿的办法：将装有吸水能力较好的生石灰的麻袋平埋在结露部位让其吸湿，经过4~5天后取出，如果种子水分仍达不到安全标准，可以将麻袋中的生石灰换掉再埋入，直到种子水平达到安全标准为止。

# 70 什么是种子后熟?

　　种子的成熟包括2个阶段。第一个阶段是形态的成熟（例如籽粒颜色由浅变深，形态由软变硬），而形态外貌上是否成熟只能作为我们采收的判断依据。第二个阶段是生理成熟。种子形态成熟后，达到采收标准，但采收后质量如何还需要看其生理上是否成熟，只有这2个条件都具备才能判定种子已经完全成熟。

　　种子从形态成熟到生理成熟的过程，称作后熟。这是种子在为发芽做准备，种子通过后熟过程完成生理成熟后，才可认为种子真正成熟。这时种子才能被用于播种，在田间才会表现出优良特性。

　　通常，麦类后熟期较长。粳稻、玉米、高粱后熟期较短。而油菜、籼稻基本无后熟期或后熟期很短，在田间就可完成后熟，因此遇到多雨天气，其种子在母株上就可以发芽，这种现象称为"穗发芽"。穗发芽会影响种子贮存及下季播种质量，进而对农业生产造成很大经济损失。

# 71 什么是种子自动分级？

一批种子不管数量多少，总会包含不同重量、不同形状的种子，有的种子籽粒饱满，有的种子光滑坚硬，也有的种子干瘪发皱。受自身重力或表面光滑程度影响，当种子从一定高度自然落下时，会在类似于圆锥体的种子堆中自动分级，充实和饱满的籽粒或较重的杂质一般集中在种子堆的顶端，部分滚落到中部，而瘦小干瘪的籽粒或较轻的杂质则多分散在种子堆的底部及四周，这就是种子的自动分级。

由于种子在运输和贮藏过程中存在自动分级的问题，降低了种子分布的均匀性，给种子检验、包装和分配等带来麻烦。例如，在估计种子质量时，不能只从种子堆上部或中部抓取种子，而应从多个部位多次抓取种子，这样才能更准确地评估种子质量。

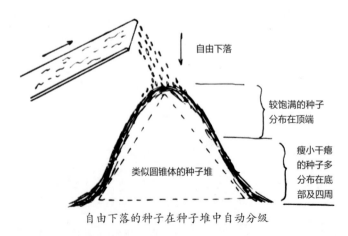

自由下落的种子在种子堆中自动分级

# 72 种子贮藏的任务是什么?

种子贮藏的任务就是通过改善、提升或创造贮藏条件,加强贮藏期间的管理,使种子无虫害、无霉变、无鼠雀危害,达到延缓种子老化(质量变差)的目的。其实种子和人一样,都是靠能量来维持生命的。但种子和人又不一样,人可以通过吃饭来补充能量,而种子被收获后不能再补充能量,所以种子活的时间是有限的。创造好的保存环境,种子寿命就长。

简易的种子贮藏设施

通常种子的贮藏方法包括干藏法和湿藏法。

(1)干藏法

干藏法是指把种子贮藏在干燥的条件下,使种子在贮藏期间始终保持干燥状态的一种贮藏方法。干藏法通过降低种子水分减缓种子呼吸活动,减少种子能量消耗,延长种子寿命,适用于贮藏含水量较低的种子。常在贮藏器内加入生石灰、木炭、氯化钙等吸水剂。

(2)湿藏法

湿藏法是指把种子贮藏在湿润的条件下,使种子在贮藏期间始终保持湿润状态的一种贮藏方法。降低水分可以减缓种子呼吸强度,当种子湿度足够高时也可以减缓种子呼吸强度,减少种子能量消耗,延长种子寿命。此方法适用于贮藏含水量较高,一旦失水就失去发芽力的种子,如板栗、核桃、油茶等。

# 73 如何防治种子仓储害虫？

防治种子仓储害虫可以从以下几方面入手：

（1）清洁防治

在日常生活中，越脏的地方病原微生物越容易繁殖，所以种子贮藏须清除仓内仓外垃圾、杂草等，仓内无裂缝、空隙及破损，并且要做好贮藏设备、工具的消毒。

（2）化学药剂防治

化学药剂防治是利用药剂的挥发性（类似于家中灭蚊的喷雾），使害虫吸入后中毒死亡。

（3）机械防治

机械防治是用机器将害虫从种子中分离出来，比如可以通过鼓风机或筛子把种子和害虫分离。

（4）物理防治

种子仓储害虫物理防治有高温杀虫和低温杀虫2种，夏天日光曝晒就属于高温杀虫。

灭虫化学药剂

# 74 种子保存期间如何做好日常管理？

种子保存期间要做好以下日常管理：

（1）入库前清仓消毒

种子入库前需对贮藏仓进行清仓检查，将仓内不好的种子品种、杂质垃圾等全部清除，同时还要清理仓具，剔除虫窝，修补漏洞及缝隙，然后对空仓进行消毒，消毒时关闭门窗，以保证消毒效果。

（2）严守入库质量关

入库种子必须晒干、不带病虫，要达到一定的含水量、纯度、发芽率、净度等，低于标准的种子不准入库。

种子保存期间，要严格把守种子质量，定期对种子温度进行检查。

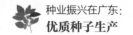
（3）堆放合理，适当通风

这样有助于种子堆降温、散湿。注意，当仓外温度和湿度高于仓内时不能开窗通风，特别是在雨雾天时不能开窗通风。

（4）定期检查

定期检查种子温度。在种子入库初期及高温季节，必须加强对种子温度的检查。

五

包衣种子

# 75 什么是包衣种子？

包衣种子实际上就是在种子外面再加一层膜或一层厚厚的丸剂。为什么要做包衣种子呢？有些种子非常小或者形状非常不规则，很难播种，可以通过在其表面覆盖一层厚厚的丸剂，让种子变得更大、更圆一些，使其更容易播种。

包衣除了让种子更好播种，还有哪些作用呢？

通常，种子外面加上的这层膜里面还含有一些微量元素（种子在生长过程中需要的一些物质，类似于小孩在成长过程

包衣种子

中需要补充的营养物质）、杀菌剂和杀虫剂等物质，要用黏着剂把这些物质混合在一起并包裹住种子。种子的这件"衣服"会在播种入土后，逐步释放出里面的营养物质，供种子吸收。而杀菌剂、杀虫剂可以杀掉在种植过程中招来的虫子，避免种子被虫子咬坏、咬死。黏着剂则是用来将这些物质粘在一起，牢牢包住种子，不让这件"衣服"轻易脱落。

概括地讲，种子包衣能够抗旱防寒，提高农作物的产量，改善农作物的品质，还能够减少农药的使用，降低种植的成本，减轻对环境的污染，节省时间和人工。

# 76 包衣种子有哪些种类？

根据包衣（"衣服"）的厚薄和形状，包衣种子可分为以下2类：

（1）丸化种子

丸化种子是指在种子的表面裹上一层厚厚的种衣剂（"穿上一件厚外套"），使比较小粒或形状不规则的种子变成形状、大小与其他种子没有明显差别的丸状种子（"统一服装"）。丸化种子适合机械化播种，机械化播种使用大小、形状和质量较均匀的种子能较好地达到精准播种的目的。

（2）包膜种子

包膜种子是指在种子表面裹上一层较薄的种衣剂，所用的种衣剂剂量比丸化种子少很多，相当于仅"穿上一件薄外套"。种子在包膜前后形状变化不大，基本保持原来的种子形状。

# 77 种子包膜与丸化有什么区别?

种子包膜与丸化主要有如下区别:

首先,二者在被包种子上有区别。种子包膜适用于比较大的种子,如黄豆、玉米;而种子丸化适用于较小粒的种子,如蔬菜种子、花卉种子。

其次,在包衣工作完成后所形成的包衣种子在形态、质量上有区别。包膜后的种子在形态和质量上几乎没有改变,只是在种子表面裹上一层膜(就像喷漆一样,不管它是什么形状,只是薄薄的一层膜附在物体的表面);而丸化后的种子在形态和质量上有较大的变化,裹上厚厚的种衣剂,使不规则的种子趋于球形,使较小个的种子变大。

最后,在包衣过程上有区别。种子包膜操作比较简易,只是在种子的表面裹上一层薄薄的种衣剂;而种子丸化需要不断重复地将种衣剂裹在种子表面,最后使其外观呈近球形(类似于制作元宵时不断地搓动,得到一粒一粒的近似球形的元宵)。

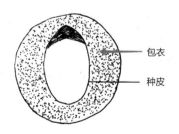

丸化种子,外观呈球状

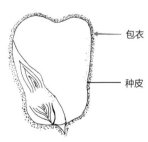

包膜种子,种子外观基本不变

# 78 种子包衣有什么好处?

种子包衣的好处主要有以下5个方面:

①种子在发芽的时候容易招来虫子和一些病菌,因此种子的包衣里面会添加一些杀虫剂和杀菌剂,在种子发芽时这2种药剂就会缓慢地释放出来,杀死害虫,这样就可以避免种子被虫子咬坏了;

②种子的包衣中含有一些激素、肥料等,能在农作物发芽的时候提供给种子使用,这样就能提高种子的出苗率,促进幼苗的生长,增强农作物的抵抗能力,这和化肥的作用类似;

③种子包衣就像给种子穿一件"外衣",给种子提供保护,能够减少播种后种子溃烂、死亡的发生;

④种子包衣把以前的人工喷药改成了种子自己携带农药,虽然种衣中加入的农药非常少,但是效果却非常强,减轻了对环境的污染;

⑤小粒种子包衣后体积显著增大,形状、大小变成与其他种子一样,这样有利于机械化播种,也有利于均匀地播撒种子。

小型种子包衣机

# 79 使用包衣种子应注意哪些事项?

包衣种子常常含有杀虫剂、杀菌剂等物质，有剧毒，所以在使用包衣种子时，应该注意下面几点：

①包衣种子应该放在阴凉、干燥、通风的地方（就像我们晒水稻一样）。

②包衣种子有剧毒，可在包装袋外写上"禁止食用、禁止触碰"的字样，严防他人接触或误食；包衣种子不能作为饲料喂养家禽、鱼类或其他动物，如有误食包衣种子致死的动物，应对其进行深埋处理，绝不能食用。

③盛装过包衣种子的盆、碗、篮子等需用水反复洗净，洗净后也不能作为食用盆、食用碗等使用，以免中毒；洗刷后的污水不能直接倒进河流、池塘、井水中。

④在用包衣种子播种时，要充分做好防护措施，如穿上防护服、戴上手套等；禁止一边用包衣种子播种一边进食，应将手、脸洗干净后再喝水、吃饭，以免中毒；禁止在播种时用碰过包衣种子的手揉眼睛，以免感染眼睛。

使用包衣种子时禁止食用和触碰，禁止吸烟，应戴口罩，应放在通风处

⑤包衣种子不能用浸种的方式催芽，否则外面的"衣服"会失去作用。

⑥包衣种子忌与除草剂同时使用，一般在使用除草剂3天以后再播种，或播种30天以后再使用除草剂。

⑦包衣工作在播种前10天以上完成，包衣工作完成后必须将包衣种子晾干再进行装袋贮存，装袋贮存10天以上再进行播种，以提高出苗率。

# 80 什么是包衣种子的有籽率？

有籽率的"籽"指种子，每粒经过丸化包衣的种子被剖开后，只要里面有种子，就算"有籽"，不管是1粒种子、2粒种子还是多粒种子，也不管是能正常发芽的种子还是不能正常发芽的种子，都算"有籽"。

例如，一批包衣种子有1 000粒，我们取100粒作为代表来测定这批包衣种子的有籽率，在这100粒种子中，有90粒是只有1个籽的，有3粒各有2个籽，有2粒各有3个籽，剩下的5粒是没有籽的，那么这100粒包衣种子的有籽率就是95/100，即95%，也就是说这批包衣种子的有籽率是95%。

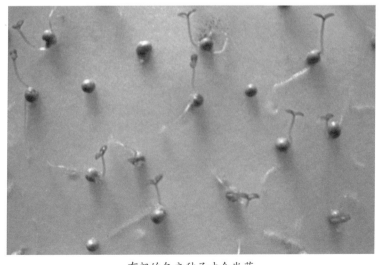

有籽的包衣种子才会发芽

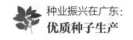

# 81 什么是包衣种子的单籽率？

包衣种子的单籽率，指经过包衣后，每粒包衣种子被剖开后，只有1粒种子的包衣种子数量占全部包衣种子粒数的百分比，也就是说1粒包衣种子中必须有且仅有1粒种子，多于1粒或少于1粒都不符合要求。

检测包衣种子的单籽率能更好地保证包衣种子的发芽率，不至于由于"一壳多粒"而导致种子在生长过程中互相争夺土地的营养，也不至于播下1粒没有种子的"空壳"而浪费土地，所以在购买包衣种子时要特别注意商家标明的包衣种子的单籽率，货比三家，购买单籽率更高的包衣种子。

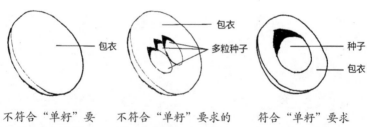

不符合"单籽"要    不符合"单籽"要求的    符合"单籽"要求
求的空壳包衣种子    "一壳多粒"包衣种子    的包衣种子

# 82 如何衡量包衣种子的质量？

衡量包衣种子的质量主要看以下3方面：

（1）种子净度高，即种子比较干净

包衣之前要先筛选一遍种子，清理掉杂质，以及被虫咬坏的种子、破碎的种子、干瘪细小的种子；挑选饱满健康、整齐一致的种子进行包衣。如果种子的净度太低，药剂就有一部分被用在杂质和其他植物种子上，这不仅会浪费药剂，还会影响包衣的效果，大大地增加了成本。

（2）种子含水量低

在进行包衣处理之后，种子会吸收水分，导致种子的含水量增加。如果包衣前种子含水量太高，会造成种子保存期间的安全问题，例如容易发霉、招惹虫子，从而导致种子发芽率变低。

（3）种子发芽率高

用来包衣的种子中能够成功发芽的种子要在这批种子中占大头，因为包衣种子一般都是用来进行精量播种或半精量播种（根据播种地的大小来确定种子播种的数量），播种量

广东种业博览会上展览的包衣种子

会比往常少，所以种子的发芽率不高的话，会出苗不均匀，从而影响产量。

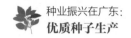
# 83 如何选购包衣种子？

如何购买到货真价实的包衣种子呢？下面有几条建议：

①要到有经营许可相关证件的单位或个人处购买，不要到街头摆摊处购买；保留购买包衣种子的相关收据，例如：在购买时向商家要发票、购买合同（应注意合同上的品种名称是否与发票上的品种名称相符合）；同时应该预留适量的种子并进行密封保存，如果购买的包衣种子出现问题，可以拿着这些预留的种子与商家对质。

②要选购质量合格、标签齐全的品种。购买包衣种子时应注意包装袋上是否有标注种子质量指标，例如纯度、净度、发芽率等指标，还应注意包装袋外是否标明生产日期、生产地、检疫证明编号等，不能只听信广告语或是商家口头上的吹捧。

③要根据包衣种子本身的特征、特性，选购适宜当地耕作条件和气候条件的包衣种子，不要因追求新奇而盲目跟买。

各项质量指标

种子生产经营
许可证编号

生产日期

注意事项

检疫编号

质量保证期

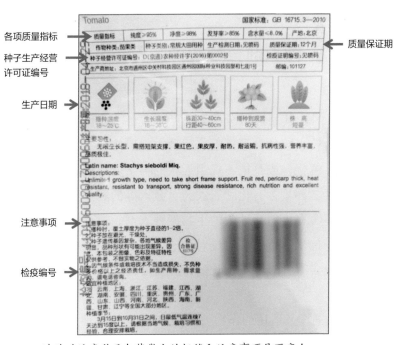

选购时注意种子包装袋上的标签和注意事项是否齐全

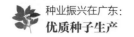
# 84 种衣剂有哪些种类?

　　种衣剂按其用途可分为4种（包装上一般有注明）：第一种是给较小粒的种子裹上这种种衣剂后使其变大，即把小粒种子大粒化，或是把不规则形状的种子变成接近球形的种衣剂；第二种是含有化肥、农药、激素等的药剂型种衣剂；第三种是含有生物活性菌的生物型种衣剂，这种种衣剂能够提高种子抗旱、抗寒等对抗对种子生长不利的环境的能力；第四种是含有针对种子生长的特殊需要而添加的特殊物质的种衣剂。

　　种衣剂按其适用的作物类型分为2种：第一种是适用于旱地作物的种衣剂；第二种是适用于水田作物的种衣剂。

　　种衣剂按其使用时间分为2种：第一种是现包型种衣剂，适用于在播种前几小时或几天内进行包衣工作，待包衣晾干后立即播种，不适合贮藏；第二种是预拌型种衣剂，适合包衣工作完成，待种子晾干、可进行一定时间的贮藏后再播种。

　　种衣剂还可按剂型分为2种：第一种是干粉型，即粉状的，使用时需按说明书比例与水进行调配，这种种衣剂便于贮存、运输、包装且成本较低；第二种是液体型，即含水的，使用时需按说明书比例与水进行调配，使用方便，但由于是液体、体积较大，不便运输。

　　注意：在使用种衣剂时，应特别注意看清种衣剂包装上的

"注意事项""中毒急救""产品性能（用途）""贮存和运输"等。

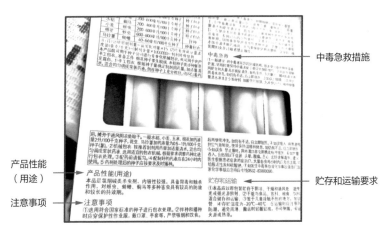

种衣剂外包装上的注意事项

# 85 如何保存包衣种子？

　　包衣种子的"外衣"容易因为阳光照射或者温度过高而"融化"，所以，包衣种子一般情况下应当独立存放在仓库内或者阴凉避光的地方。

　　包衣种子的"外衣"通常含有微量的有毒物质，若是触摸包衣种子后忘记洗手或者不小心误食包衣种子，可能引起呕吐、肚子疼等轻微中毒的症状。包衣种子绝对不可以和食物放置在同一个地方，避免食物受到污染；搬运或使用包衣种子时，千万不能吸烟、吃东西、喝水，避免手上残留的有毒物质从嘴巴进入身体，引发中毒；包衣种子必须放在小朋友或者其他人很难发现、很难拿到的地方，避免小朋友或他人由于好奇等原因误食。

　　保存包衣种子的房间或仓库里最好有肥皂水，人在不小心摸到包衣种子后可以用肥皂水洗手；如果不小心误食包衣种子，要及时喝一些苏打水缓解症状，并及时就医。

受潮后裂开的包衣种子

# 86 简易的种子包衣方法有哪些？

简易的种子包衣方法有3种：

（1）塑料袋包衣法

取一个大容量且结实的塑料袋，将质量适宜的一批种子和与种子数量匹配的种衣剂倒入，一只手抓紧袋口防止洒落，另一只手反复揉搓塑料袋，直到拌匀。

（2）大瓶或小桶包衣法

取一只干净的铁桶或玻璃瓶，将质量适宜的一批种子和与种子数量匹配的种衣剂倒入，双手抱起铁桶或玻璃瓶，快速摇动，直到拌匀。

包衣机缸

简易的种子包衣机

（3）圆底大锅包衣法

先将一口圆底大锅固定住，洗干净、晒干，然后取出一定数量的种子倒入锅内，再把和种子数量匹配的种衣剂倒在种子上，用铁铲或木棒快速翻动，拌匀种子和种衣剂，让种衣剂均匀地包裹在种子表面，等裹在表面的种衣剂变干并形成一层膜后，将种子倒出来，放在阴凉的地方晾干备用。

简言之，一切方便旋转、搅拌、混合的容器，均可作为简易的包衣容器，将种子和种衣剂倒在其中充分混匀，就可以实现包衣目的。

# 87 种子包衣过程中要注意哪些事项？

被包衣种子应该选用质量过关的良种。应在包衣工作前严格筛选被包衣种子，除去种子中的土块、叶茎、坏种及粉尘等杂质，以保证包衣过程中种衣剂可以较好地黏附在种子上（就像墙壁翻新一样，需要铲除墙壁上旧的泥土，水泥才能更好地附着在墙壁上）。

在购买种衣剂时应仔细查看有无种衣剂比例说明和适用作

种子包衣机

物的范围，按种衣剂包装上的或厂家提供的调配比例对种衣剂进行调配，不能盲目调配，这一步会影响种子后期的发芽状况。

如果对大量种子包衣，应用包衣机。将种衣剂按照一定比例事先调配好后，再与包衣机缸中的种子混合。使用包衣机时应先查看包衣机的相关注意事项（例如：包衣锅若长期不使用，应在锅内表面涂上油；不随意拆除包衣机零件等）；若对少量种子包衣，可采用手工包衣。需要注意的是，不管是手工包衣还是机器包衣，都要确保包衣牢固且均匀。

# 88 为什么要对包衣种子进行发芽实验?

发芽实验是指通过在一定的温度、湿度等适宜种子发芽的条件下让一定数量的种子自然发芽,以估算该批种子的发芽率的实验(可以理解成通过这个实验可以得知该批种子在田间的出苗率),发芽率高即说明这批种子能够正常发芽的数量多。

例如,一批种子有1 000粒,我们取100粒做实验,这100粒种子中有8粒不能正常发芽,有92粒能正常发芽,这100粒种子的发芽率就是92%,那么这批种子的发芽率就可以被估算为92%。

包衣种子因为使用了大量化学药剂,可能影响种子的发芽速率。因此,要进行发芽实验,检验该批包衣种子的发芽及生长状况,看种衣剂中的物质会不会影响种子的生长速度,是加快生长速度还是降低生长速度。为了进行对比,我们在进行发芽实验的时候需要准备一些该批种子中没有包衣的种子,同时进行实验。

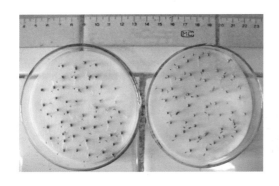

包衣种子发芽

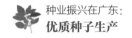

# 89 剩余的包衣种子如何处理？

　　包衣种子在播种后若有剩余，可与种子商家或种子销售部门协商是否可以退换；不能退换且在下个生产季时超过保质期的包衣种子，不要贮存，需深埋销毁，以防人畜误食。

　　若该种包衣种子所用的种衣剂是生物型种衣剂（生物型种衣剂对人畜、环境无害），经专业人士确认后，可以将该种包衣种子浸泡、冲洗干净后作为饲料使用。保质期长的包衣种子，可用编织袋（蛇皮袋）装袋后贮存到下一个播种季节再拿出来使用，最好不要用麻袋，贮存时也应放置在阴凉、干燥、通风处。

　　要注意的是，用非生物型种衣剂制作的包衣种子，除去包衣后仍然有剧毒，不可倒入江河，以防污染环境；也不能投喂家畜、鱼类等，以防这些动物中毒。种子可以作为食物的（如花生、大豆等），不能冲洗、清除包衣后作为食物入口，万一误食，应立即就医。

六

种子纠纷与解决

# 90 种子使用者有哪些权益?

种子使用者的权益是指种子使用者在购买种子、使用种子时根据国家法律规定应享有的权利。具体包括以下几种:

（1）知悉权

种子使用者有知悉其购买、使用种子的真实情况的权利。种子使用者有权询问所购买种子的品种特征特性、质量如何、适应范围、栽培注意事项，以及生产日期、是否通过审定等，种子经营者必须如实回答，提供种子真实情况。

（2）自主选择权

种子使用者有自主选择种子的权利，有权自由选择到哪家种子经营机构购买种子，有权对购买的种子进行比较、挑选。

（3）公平交易的权利

种子使用者有权进行有质量保障、价格合理、计量正确的公平交易，当经营者强制进行交易时，种子使用者有权拒绝。

（4）请求赔偿的权利

种子使用者购买到假冒伪劣种子，或者其他因为经营者不履行义务等原因而受到损失时，有权获得相应赔偿。

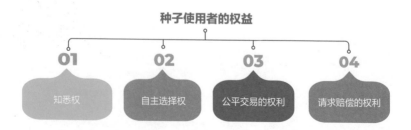

**种子使用者的权益**

01 知悉权　02 自主选择权　03 公平交易的权利　04 请求赔偿的权利

# 91 种子使用者如何保护自己的权益？

**种子使用者权益保护方式**

**自我保护**

自行解决问题，同损害自己合法权益的行为作斗争。

**法律保护**

通过《种子法》《中华人民共和国产品质量法》《中华人民共和国广告法》等法律维权。

**社会保护**

通过其他团体（如消费者协会）维权。

**行政保护**

通过农业行政主管部门及其设立的种子管理机构维权。

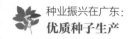
# 92 种子使用者权益受损的主要类型有哪些？

种子使用者权益受损有以下几种主要类型：

（1）劣质种子

劣质种子是指质量达不到国家规定的种用标准、质量低于标签标注指标的种子，或带有国家规定的检疫性有害生物的带病种子。劣质种子的危害常表现为导致农作物减产减收，危害农业生产的安全。

（2）假冒种子

假冒种子包括假种子和冒牌种子2种。

假种子是指以非种子冒充种子（比如以草籽冒充种子），以及种子种类、品种、产地与标签标注的内容不符的种子。假种子的危害表现在种子使用者进行正常生产后，得不到预期收获。

冒牌种子是指假冒其他品种牌子的种子。品牌是生产经营者的无形资产，消费者对大品牌的信赖度更高，所以往往会有不法分子利用种子消费者的这种心理，将劣质种子包装成"大品牌"的种子出售，给种子使用者造成不可挽回的损失。

（3）未经审定或审定未通过的主要农作物种子

这类种子没有经过科学试验，往往存在某种缺陷。

（4）包装标识不符合要求

没有说明，或标识说明与实际不符，或缺乏必要的项目，如没有标注质量特征，或夸大其词，或进口种子没有中文说明，或转基因种子和包衣种子没有特殊警示标志等。

（5）短斤少两，数量不足

这种类型的种子使用者权益受损表现为种子经营者交付给种子购买者的种子实际数量不足，比如包装标识每袋50克，实际装入量只有每袋40克。

# 93 什么是种子纠纷的协商解决?

　　协商解决是种子生产者、种子经营者与种子使用者在发生种子纠纷后，各方在平等自愿的基础上进行协商。在协商期间政府不介入，事情如何解决完全由当事人双方协商决定。协商如果不能达成一致，可以再去法院提起诉讼，由政府进行法律仲裁。

　　例如，我们在一家种子店买了5千克种子，但是回到家之后发现只有4千克，于是返回种子店要求老板退款或者再补1千克种子，这个过程就叫作协商解决。但是如果老板既不退款也不补足种子，这个时候就可以要求工商局或者政府介入，但这时就不属于协商解决的范围了。

　　不难看出，协商解决非常便捷，省时省力，因此，若发生种子纠纷，应优先考虑协商解决。但协商解决也有缺点，比如，缺少强制的约束力，对种子经营者和种子购买者的素质要求较高，如果双方互相推诿，甚至蛮不讲理，问题就很难得到解决，这时就需要政府或社会团体介入。

种子纠纷无法协商解决时怎么办？

发生种子纠纷，优先选择协商解决，但当协商无法解决时，可以申请仲裁，借助法律武器保护自己的合法权益。

# 94 哪些种子纠纷可以提起民事诉讼？

民事诉讼，通俗来讲就是民事案件打官司。具体是指当事人向法院提出诉讼请求，法院在双方当事人和其他诉讼参与人的参加下，依法审理、裁判民事争议。种子纠纷的民事诉讼时效一般为3年，但不同的事件可能有不同的诉讼时效，要具体分析。

在种子购买、使用中，出现以下情况，可以向人民法院提起诉讼。

**民事诉讼类型及含义**

| 类型 | 含义 |
|------|------|
| 合同纠纷 | 指在签合同时内容不明确、责任划分不具体等一系列由合同内容引起的纠纷 |
| 质量纠纷 | 指因种子质量问题，如买到的种子中有残次品等而引起的纠纷 |
| 财产纠纷 | 指由于财产的确认、归属、损害等问题而发生的纠纷，比如土地租赁纠纷等 |
| 侵权案件纠纷 | 指生产、经营、使用农作物种子违反种子管理相关法律法规的禁止性规定，对相关单位或个人的人身和财产权益造成损害而发生的纠纷 |

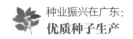
# 95 什么是农作物种子质量纠纷田间现场鉴定？

　　首先，我们要知道什么时候需要进行农作物种子质量纠纷田间现场鉴定。比如张三在李四的农资店买了一袋玉米种子，回来播种后发现只有约一半种子出苗，张三认为李四卖的种子有问题，但是李四认为自己的种子没有问题，是张三播种方式不对，两个人都认为不是自己的问题，这个时候就要进行田间现场鉴定。

　　其次，现场鉴定一般由当地种子管理机构组织相关领域专家进行鉴定。专家鉴定组会在这块田里进行现场鉴定，并且现场鉴定是独立进行的、不受他人干扰的。专家鉴定组根据自己的专业知识和现场观察检测到的结果判断种子发芽率低的原因，并通过鉴定结果来判定谁需要为种子出现的问题担责，这个过程就是农作物种子质量纠纷田间现场鉴定。

专家鉴定组会在田块间进行现场鉴定，通常是独立的、不受他人干扰的。

# 96 农作物种子质量纠纷田间现场鉴定由谁提出申请？

　　种子质量纠纷当事人双方（这里假定双方当事人为张三、李四）可以共同申请田间现场鉴定，也可以单独申请田间现场鉴定。

　　申请以书面形式提出，说明需要鉴定的内容和理由，还要提供相应的说明或佐证材料，比如种子的来源、当时的天气等。但是如果申请者知识水平有限，不能提供书面申请材料，也可以由申请者口头讲述，由种子管理机构帮忙记录，申请者再进行确认。其简易流程如下图所示。

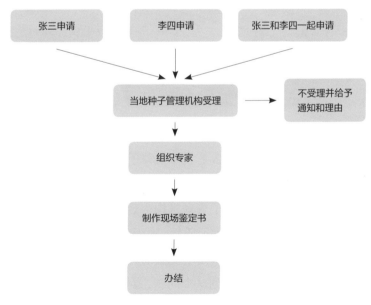

田间现场鉴定的简易流程

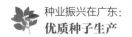

# 97 对农作物种子质量纠纷田间现场鉴定书有异议时怎么办？

当第一次鉴定确定存在问题后，种子管理机构才会同意再次鉴定，且2次鉴定的申请人员要求一致。

　　首先，我们要明白什么是农作物种子质量纠纷田间现场鉴定书。例如张三去李四的农资店买了玉米种子，播种后不发芽，于是张三找政府的种子管理机构去现场鉴定，管理机构给出的鉴定结果就是农作物种子质量纠纷田间现场鉴定书。

　　其次，假设鉴定的结果是李四卖的种子有问题，但是李四不服气，该怎么办呢？遇到这个问题，对鉴定结果不满意的一方可以再申请一次鉴定，但这一次只能向更上一级的种子管理机构申请，比如第一次是县里的种子管理机构，那么这一次就需要向市里的种子管理机构申请。另外，再次申请需要注意2个问题：一是时间，一定要在收到第一次现场鉴定书的15天内提出申请；二是讲明自己对鉴定书不满意的原因，因为上一级的种子管理机构会对第一次鉴定进行详细的审查，只有经过确认确实存在问题，上一级的种子管理机构才会同意再次鉴定。

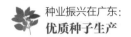
## 98 发生了种子购销合同纠纷，当事人应怎么办？

可通过法律途径解决种子购销合同纠纷，若无相关书面材料，则需当地人民法院判决。

　　首先，我们要明白什么叫种子购销合同纠纷。例如张三一开始在李四的农资店订购了500千克玉米种子，但是后来张三又不想要那么多了，两人产生了矛盾，这就叫作种子购销合同纠纷。

　　其次，产生纠纷后怎么办？张三要第一时间去找李四说明不要那么多种子的原因，两个人一起协商能否解决这个问题，如果协商失败，可以向种子行政主管部门寻求帮助，让种子行政主管部门帮忙协调。但是假如通过种子行政主管部门的协商调解以后，双方依然对协商的结果不满意，那么就只能走法律程序了。这时候如果有比较详细的书面材料，比如当初签订的合同，或者相关书面材料，可以把相关材料交给处理这种事情的机构来判决；如果没有相关书面材料，那就需要当地的人民法院来判决。

## 99 签订种子购销合同时要注意什么问题?

　　首先，我们要厘清什么叫种子购销合同，又为什么要签订这种合同。种子购销合同是一种买卖双方之间签订的买卖协议，签订的目的是保障买卖双方的合法权益。

　　其次，签合同的时候需要注意哪些问题呢?

拟定好种子购销合同后，双方负责人签字并盖章，签字后不得随意修改或解除合同。

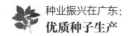

　　一是合同的内容尽可能清晰、简单，尤其是涉及时间、金额、数量等的数字，一定要大写，而且不能涂改；签合同前还要明确违反合同的后果，对于合同的内容要一再确认，比如种子的来源、种子的质量等标准要标注清楚。

　　二是签合同的双方如果是个人，需要个人亲笔签名。如果是单位合同，应由单位负责人签名或者单位委托人签名并加盖单位公章，不能有涂改痕迹。

　　三是签订合同以前，最好找一个可以解决合同纠纷的机构或单位作为中间人，以保障合同的合法性。

# 100 经济合同应包含哪些主要条款？

经济合同主要包含的条款大体上分为5点：

（1）标的

标的指的是经济合同里面买卖的东西是什么，比如采购种子的经济合同要写清楚种子的类型、产地等基本信息。

（2）数量和质量

比如采购种子的经济合同要标明采购种子的数量是多少，计量单位是什么，种子的质量如何等，在合同中这些需要有清晰的标准。

（3）价款或酬金

价款或酬金指的是经济合同所产生的买卖金额是多少，要注明单价是多少，总金额是多少等。

（4）经济合同履行的方式、地点和期限

比如采购的种子什么时间一定要交货，交货的地点在哪里，以什么样的方式进行交易或者运输，如何进行货款的支付等。

（5）违约责任

违约责任指的是一旦经济合同签订，签订双方都是需要承担法律责任的，未能履行合同的一方需要承担赔偿。经济合同里面需要注明未能履行合同需要承担怎样的经济赔偿。

# 参 考 文 献

顾日良，袁志鹏，王建华. 玉米种子加工与贮藏技术手册[M]. 北京：中国农业大学出版社，2018.

胡晋. 种子生物学[M]. 北京：高等教育出版社，2006.

胡晋. 种子贮藏加工学[M]. 2版. 北京：中国农业大学出版社，2018.

罗林明，黄耀蓉，蒋凡. 农药种子肥料简易识别及事故处置百问百答[M]. 北京：中国农业出版社，2012.

钱庆华，荆宇. 种子检验[M]. 2版. 北京：化学工业出版社，2018.

屈长荣，邵冬. 种子检验技术[M]. 天津：天津大学出版社，2019.

向子钧. 种子知识300问[M]. 武汉：湖北科学技术出版社，2006.

薛全义. 作物种子生产实用技术问答[M]. 沈阳：辽宁教育出版社，2009.

张红生，胡晋. 种子学[M]. 2版. 北京：科学出版社，2015.

周志魁. 农作物种子经营指南[M]. 共青团中央青农部，组编. 北京：中国农业出版社，2007.

HAQUE S M, GHOSH B. Regeneration of cytologically stable plants through dedifferentiation, redifferentiation, and artificial seeds in Spathoglottis plicata Blume.(Orchidaceae)[J]. Horticultural Plant Journal, 2017, 3(5)：199-208.